河长制湖长制实务

——太湖流域片河长制湖长制解析

主编 吴文庆　　副主编 黄卫良

中国水利水电出版社
www.waterpub.com.cn
·北京·

内 容 提 要

太湖流域作为河长制的发源地，河长制工作起步早、基础好。流域内江苏、浙江等地在全国率先探索河长制，不断丰富河长制内涵，创新河长制工作方式，取得了良好的成效，为在全国全面推行河长制积累了丰富的经验。在中央作出全面推行河长制的重大决策部署后，太湖流域片江苏、浙江、上海、福建、安徽等省（直辖市）党委政府高度重视，迅速行动，在已有河长制工作的基础上，以更高标准、更实措施、更大力度，积极探索创新，着力打造河长制"升级版"，取得了显著的成效，同时也涌现出了一大批可复制、可推广的先进经验和做法。太湖流域片五省（直辖市）对照中央要求，均已全面建立了河长制，积极建立完善湖长制。

为全面总结太湖流域片河长制湖长制工作成效，水利部太湖流域管理局组织编制了本书。主要内容包括河长制湖长制发展历程、河长制实务、湖长制实务、河长制与流域管理、河长制湖长制实施效果评价、典型案例等，全景展示了太湖流域片各地在全面建立、逐步深化河长制、建立完善湖长制过程中的主要工作情况，总结提炼了流域片好的经验做法，并辅以诸多具体案例，供各地在河长制湖长制工作中参考借鉴。

图书在版编目（CIP）数据

河长制湖长制实务：太湖流域片河长制湖长制解析 /
吴文庆主编. -- 北京：中国水利水电出版社，2019.1
ISBN 978-7-5170-7361-1

Ⅰ. ①河… Ⅱ. ①吴… Ⅲ. ①太湖－河道整治－责任
制－研究 Ⅳ. ①TV882.853

中国版本图书馆CIP数据核字(2019)第009915号

书　　名	河长制湖长制实务——太湖流域片河长制湖长制解析 HEZHANGZHI HUZHANGZHI SHIWU——TAIHU LIUYUPIAN HEZHANGZHI HUZHANGZHI JIEXI
作　　者	主　编　吴文庆 副主编　黄卫良
出版发行	中国水利水电出版社 （北京市海淀区玉渊潭南路 1 号 D 座　100038） 网址：www.waterpub.com.cn E-mail：sales@waterpub.com.cn 电话：(010) 68367658（营销中心）
经　　售	北京科水图书销售中心（零售） 电话：(010) 88383994、63202643、68545874 全国各地新华书店和相关出版物销售网点
排　　版	中国水利水电出版社微机排版中心
印　　刷	天津嘉恒印务有限公司
规　　格	170mm×240mm　16 开本　13.75 印张　191 千字
版　　次	2019 年 1 月第 1 版　2019 年 1 月第 1 次印刷
印　　数	0001—3000 册
定　　价	**60.00 元**

本书编委会

主　　编　吴文庆

副 主 编　黄卫良

编写人员　吴志飞　邓　越　韩　青　彭　欢

　　　　　王啸天　刘倩怡　唐　力　丁　昊

　　　　　徐海洋　秦　忠　刘国红　饶　新

　　　　　姚　星　张永健　臧贵敏　张红举

　　　　　李俊婷　陈凤玉　陆沈钧　曹　翔

前 言

　　党的十八大以来，党中央就推进生态文明建设作出一系列重要部署，中央领导同志多次就保障国家水安全，保护河湖作出重要指示。习近平总书记就加强河湖保护多次发表重要论述，指出河川之危、水源之危是生存环境之危、民族存续之危，强调保护河湖事关人民群众福祉，事关中华民族长远发展。

　　2007 年，太湖大面积暴发蓝藻，引发了江苏无锡水危机。无锡市随后开始探索实行以党政领导担任河流的"河长"，负责辖区内河流污染治理的"河长制"，取得良好成效。2007 年以后，各地（江苏、浙江、江西等省）陆续探索实行"河长制"，形成了大量可复制、可推广的工作经验。

　　在习近平总书记亲自部署和推动下，2016 年 11 月 28 日，中共中央办公厅、国务院办公厅印发《关于全面推行河长制的意见》的通知（厅字〔2016〕42 号），明确在全国范围内，全面推行河长制。习近平总书记在 2017 新年贺词中专门提到，"每条河流要有'河长'了"。一时间，"河长"这个名词变得家喻户晓，河长制迅速在神州大地推行开来。

　　2017 年 12 月 26 日，中共中央办公厅、国务院办公厅又联合印发了《关于在湖泊实施湖长制的指导意见》的通知（厅字〔2017〕51号），明确全国各省（自治区、直辖市）要将本行政区内所有湖泊纳入全面推行湖长制工作范围，到2018年年底前在湖泊全面建立湖长制。

太湖流域作为河长制的发源地，河长制工作起步早、基础好。流域内江苏、浙江等省在全国率先探索河长制，不断丰富河长制内涵，创新河长制工作方式，取得了良好的成效，为中央在全国全面推行河长制积累了丰富的经验。

在中央作出全面推行河长制的重大决策部署后，太湖流域片江苏、浙江、上海、福建、安徽等省（直辖市）党委政府高度重视，迅速行动，在已有河长制工作的基础上，以更高标准、更实措施、更大力度，积极探索创新，着力打造河长制升级版，深入推进湖长制，取得了显著的成效，同时也涌现出了一大批新的可复制、可推广的先进经验和做法。

截至2017年年底，太湖流域片五省（直辖市）对照中央要求，均已全面建立了河长制。本书总结提炼了太湖流域片在全面建立河长制、推进湖长制过程中一些好的经验做法，供各地在河长制、湖长制工作中参考借鉴。受限于编者水平，疏漏和不足之处，敬请批评指正。

编者

2018年10月

目 录
CONTENTS

第一章

河长制湖长制发展历程

我国幅员辽阔、河湖众多，据统计，流域面积 50 平方千米以上河流共 45203 条，总长度达 150.85 万千米；常年水面面积 1 平方千米以上的天然湖泊 2865 个，湖泊水面总面积 7.80 万平方千米。"河润千里，泽惠八方"，江河湖泊作为行洪的通道、水资源的载体、生态的屏障，对人类文明、经济发展和社会进步具有不可替代的作用。

▶ 第一节　河湖管理面临的形势 ◀

江河湖泊在造福人类的同时，也受到了不同程度的侵害。近年来，各地政府积极采取措施，着力加强河湖管理，促进了河湖综合效益的发挥，但河湖管理保护仍然面临严峻挑战。一些地方对河湖重开发轻保护，重治标轻治本，侵占河道、围垦湖泊、超标排污、非法采砂等现象时有发生，导致河道干涸、湖泊萎缩、水质严重污染，生态功能明显下降，河湖不堪重负。

一、水资源承载能力不足

我国人多水少、水资源时空分布不均，随着城镇化、工业化进程的加快和经济社会不断发展，河湖水资源承载能力不足的问题十分严重。一是人均水资源量不足，约为世界人均水平的 1/4，接近中度缺水水平。二是时空分布不均，我国降水量和河川径流量的 60％～80％ 主要集中在汛期，年际间丰水年的降雨量是枯水年的 2～8 倍，连续几个丰水年或连续几个枯水年的情况时常发生；东西分布不均，从东部到西部，降雨量逐渐递减；南北分布不均，北方地区国土面积占全国的64%，人口占46%，耕地占60%，而水资源量仅占全国的19%。三是部分地区工程供水能力不足，虽然水资源总量并不短缺，但由于工程建设没有跟上，造成工程性缺水，尤以西南诸省较为严重。四是水资源利用效率低下，长期以来，我国用水方式较为粗放，水资源短缺和用水浪费并存，生态脆弱和开发过度并存。

近年来，由于气候变化和下垫面变化的影响加剧，全国、流域、区域水文及水循环过程发生不同程度的变化。2000年以来，全国主要江河流域降水量总体偏枯，海河、松辽等流域降水比多年平均偏少，黄河、西北诸河、东南诸河降水则偏丰。同时，气温升高造成西部冰川融雪加速，冰储量呈减少趋势。全国地表水资源总体呈减少趋势，其中京津冀地区地表径流量减少明显，比多年平均减少30%～50%。因一些地区过度开采地下水，改变了区域地表—地下水转换关系，致使地表径流呈衰减态势。

二、河湖水域萎缩

除干旱、泥沙淤积等自然因素影响外，在经济社会发展过程中，以侵占水域为代价的不当开发，是造成水域面积逐步萎缩的主要因素。主要表现为增加建设用地，通过各种形式向水要地、与水争地，把小沟小塘，甚至河流湖泊填起来；不合理开发利用岸线资源，直接占用河湖滩地、湿地、水面，建设临水建筑物，缩窄河道，造成水域面积大幅度减少，自然河岸改道，明河变暗河，水岸砌高楼等。根据《全国水资源综合规划》成果，20世纪50年代以来，全国水面面积大于10平方千米的635个湖泊中，有231个发生不同程度的萎缩，总萎缩面积约1.38万平方千米，约占现有水面面积10平方千米以上湖泊总面积的18%，储水量减少517亿立方米。我国第二大淡水湖洞庭湖，湖泊严重萎缩，湖面面积由19世纪中叶的6000平方千米减至2600平方千米左右。

河湖水域面积的减少，对河湖功能和生态都产生了一定影响。

一是造成河道引排能力下降，河道原本具有的供水、行洪、排涝的能力下降，应有功能得不到充分发挥，难以满足经济和社会发展需求。二是造成河湖调蓄功能减退，水面、滩地、湿地大幅度减少，影响了对水资源丰枯调剂的功能，水资源供应能力和防洪能力大大下降。三是造成河流湖泊的生态受到影响，随着水域的减少，河湖生态遭到破坏，在维系生态平衡方面的作用难以发挥。四是造成河湖水体自净能力减弱，水面缩小造成水体总量减少，河湖自净能力明显下降。

三、水体质量下降

随着经济社会的发展，工业、居民生活和农业活动不断增多，废污水排放量增加，对河湖水质造成了严重污染。工业废水排放量居高不下，超排偷排现象时有发生；少数城乡生活污水不经处理排入河道，逐渐成为水体污染物的重要来源；农业中大量使用的化肥、农药，养殖场的禽畜粪便，随着地表径流流入水体，造成河湖水体被污染。全国水资源公报等成果显示，全国废污水排放总量从1997年的584亿吨增加至2016年的765亿吨，20年增长了30%以上。全国32%的河流和11%的湖泊污染物入河量超出水功能区纳污能力，约2/3的点源污染物集中汇入仅占全国纳污能力1/3左右的河湖，尤以城市周边地区为主。

河湖水质污染，给经济和社会可持续发展带来了许多问题。一是水资源保障和配置难度增加，出现水质型缺水，并且生态需水量大幅增加。二是饮水安全问题突出，许多河流水质难以满足饮用水要求，突发性水污染事件时有发生。三是地下水超采严重，地表水污染严重的地方，大规模超采地下水，造成大面积地面沉降。

四、生态功能退化

我国河湖生态环境问题日益严重，一些地区对河湖资源的不合理开发利用，破坏了河湖生态系统平衡，水生生物资源衰退、生物多样性和生态稳定性下降，河湖内源污染严重，沼泽化趋势明显，河湖水系连通不畅，严重威胁生态安全。

随着社会经济的发展，人口增加和城市化进程加快，土地利用方式发生了转变，水体产汇流过程加快，使得转移到水体的污染物质量增加，河湖污染物沉淀造成严重的内源污染，对水生底栖生物的生存环境造成毁灭性破坏。河湖富营养化容易引发湖泊蓝藻暴发，大量水底植物由于无法进行光合作用而死亡，导致水质进一步恶化，特别是滇池、巢湖、太湖，虽经多年治理，但蓝藻现象依然频繁发生。同时，由于长期围垦、淤积和养殖，部分湖泊存在沼泽化现象，生态环境功能也日趋退化。长期未系统组织河湖疏浚整治的，容易造成河流淤积严重，水系受阻，引排不畅，削弱河湖防洪排涝能力，也直接影响河湖水资源调蓄。一些地方忽略河湖自身特点和规律，城镇建设扰乱水系，导致河湖水系形态破坏、完整的水系被割裂，水体流通性、连通性和自净能力下降，水环境承载能力降低，天然调蓄功能严重萎缩，加重了内涝现象和水生态恶化问题的发生。

五、河道采砂问题严重

合理开采河道内砂石资源，既可扩大过流断面、改善河水流态、提高防洪效益，又可改良航道条件、提升航运能力、促进航行安全。但大规模、无序超量采砂，会造成河床形态发生急剧变化，河床下切严重，改变流势和河势，影响堤围和桥梁等涉水建筑物，危及堤防安全。伴随河床下切，水位下降，可能影响沿河供水等取水工程的正常运行，供水量及保证率无法得到满足，危及供水安全。

近年来河道非法采砂入刑，从一定程度上改善了采砂管理形势，但一些地方违法施工的方式和手段更加隐蔽和迅速，因此还需进一步加大水政执法力度，加强部门联动，严格执行河道采砂行政许可制度，规范河道采砂行为。

六、管理与保护薄弱

经济社会发展严重影响河湖健康的同时，河湖管理与保护工作还存在薄弱环节。一是保护意识不强，对河湖的功能和作用认识不清，对河湖重开发轻保护，重眼前轻长远。二是部门职责存在交叉，河湖管理与保护涉及水利、环保、国土、交通、住建、农业、林业等多个部门，一些领域职能交叉，协调难度大，尚未形成监管和保护合力。三是区域之间统筹不够，一些地方在河湖管理与保护上目标和诉求不尽相同，各自为政，影响河湖管理与保护的整体成效。四是河湖管理与保护能力薄弱，一些地方河湖管理与保护主体、责任、人员、经费还未全部落实，日常监管巡查和执法能力不足，河湖管理与保护理念、手段落后。

▶ 第二节　河长制起源与探索 ◀

一、河长制起源

无锡，北临长江，南濒太湖，京杭大运河穿城而过，是著名的"江南水乡"。境内河网密布，水系发达，辖区内有规模河流 5635 条、水库 19 座，全市水域面积达 32.4%。得天独厚的水资源优势，造就了无锡因水而生、因水而美、因水而兴的山水文化特质。传统发展方式在创造"苏南模式"奇迹的同时也逐渐积累了许多生态环境问题，其中水环境问题尤其突出。

2007 年 5 月，太湖大面积暴发蓝藻，引发了江苏无锡水危机。同年 6 月 11 日，国务院太湖水污染防治座谈会在无锡召开，时任中共中央政治局常委、国务院总理温家宝作出批示："太湖水污染事件给我们敲响了警钟，必须引起高度重视，要认真调查分析水污染原因，在已有工作的基础上加大综合治理力度，研究提出具体的治理方案和措施。"

"太湖水危机"令无锡人反思，针对水污染严重、河道长时间没有清淤整治、企业违法排污、农业面源污染严重等现象的整治行动全面展开。2007 年 8 月，无锡市委办公室和市政府办公室联合印发《无锡市河（湖、库、荡、氿）断面水质控制目标及考核办法

5

（试行）》，将河流断面水质检测结果"纳入各市（县）、区党政主要负责人政绩考核内容""各市（县）、区不按期报告或拒报、谎报水质检测结果的，按有关规定追究责任"。这份文件的出台，被认为是无锡推行河长制的起源。

简单说，无锡早期探索出的河长制即由各级党政主要负责人担任河长，负责辖区内河流污染治理。河长是河流保护与管理的第一责任人，主要职责是督促下一级河长和相关部门完成河流生态保护任务，协调解决河流保护与管理中的重大问题。这项从河流水质改善领导督办制、环保问责制衍生出来的水污染治理制度，让无锡市党政主要负责人分别担任了64条河流的河长，真正把各项治污措施落实到位。

通过实施河长制，无锡河湖管理与保护成效显著。一是水体功能逐步提升，重点水功能区水质达标率2016年提升到67%，较2012年提升23.4个百分点；7个饮用水水源地水质达标率达100%。二是太湖水质持续向好，湖体氨氮、总磷、总氮、高锰酸盐指数等主要水质指标逐年改善，蓝藻发生的面积、强度、频次、藻密度、生物量、富营养指数等明显下降，大面积湖泛现象基本消失。三是用水效率不断提高，各项用水指标稳中有降，万元工业增加值取水量由2005年的30.7立方米下降到2016年的10.4立方米，万元GDP取水量由111.5立方米下降到31.3立方米。四是治水实绩日益彰显，无锡市先后荣膺全国最佳人居环境城市、国家环保模范城市、国家节水型城市、全国水生态系统保护与修复示范市、全国节水型社会建设示范区、中国最具国际生态竞争力城市、中国最佳绿色生态旅游名城、中国最具幸福感城市等称号。

二、河长制的探索推广

2008年6月，江苏省政府决定在太湖流域推广无锡的河长制，江苏省政府办公厅印发《关于在太湖主要入湖河流实行双河长制的通知》（苏政办发〔2008〕49号）：每条河由省、市两级领导共同担任河长，双河长分工合作，协调解决太湖和河道治理的重任。经过几年实践探索，2012年9月，江苏省政府办公厅印发《关于加强全省河道管理河长制工作的意见》，在全省范围内推行以保障河道防洪安全、供水安全、生态安全为重点的河长制。针对之前"多龙治河（湖）"，即一条河流八九个监管部门，水利、环保、城建、渔业等，谁都有管理职能，但职责不清，有了难事相互推诿，工作意见明确了"谁管河"的问题——即政府主导、水利部门牵头、涉河各部门分工负责。经过多年努力，江苏省共计落实727条省骨干河道、1212个河段的河长，其中由各级行政首长担任河长的占三分之二，太湖15条主要入湖河流实行了由省级领导和市级领导共同担任河长的双河长制，初步形成了较为完善的河长体系。

江苏先期探索实施的河长制最大程度上整合了各级党委政府的执行力，弥补"九龙治水"的不足，形成全社会治水的良好氛围。从组织架构看，纵向从省领导、市委书记、市长，到区委书记、区长、镇委书记、镇长、村支部书记、村委主任，各级河长形成"一荣俱荣、一损俱损"的治水"生态链"；横向从政府各级部门开始，发改、经贸、财政、规划、建设、国土、城管、工商、公安等部门各有分工、各具使命，谁都不能在水环境治理上缺位。从社会影响力看，产业结构调整随着河长制推进也不断加速，沿河、沿湖企业不得不放弃传统落后的生产方式，关停超标排污企业，寻求清洁生产方式，促进循环经济发展。同时，民间治水力量也被带动起来，参与的积极性得到提高。

在江苏的近邻浙江，河长制也得到空前重视。2008年，湖州市长兴县就借鉴公路"路长"管理模式，在水口乡和夹浦镇试行"河长制"，随后，在嘉兴、温州、金华、绍兴等地陆续推行。2013年，浙江省在调研省内外"河长制"实践的基础上，省委、省政府出台了《中共浙江省委浙江省人民政府关于全面实施河长制进一步加强水环境治理工作的意见》（浙委发〔2013〕36号），浙江省水利厅制定了《浙江省水利厅贯彻落实〈中共浙江省委浙江省人民政府关于全面实施"河长制"进一步加强水环境治理工作的意见实施方案〉》，提出全省省级、市级、县级、乡（镇）级河道河长制全覆盖。2014年，浙江省委、省政府全面铺开"五水共治"（即治污水、防洪水、排涝水、保供水、抓节水）工作，为再创浙江发展新优势打响了全民治水的攻坚战，河长制被称为"五水共治"的制度创新和关键之举。2015年，浙江省又召开全省河长制工作电视电话会议，对河长制工作再部署、再落实。

随着河长制在江苏、浙江的推行，北到松花江流域，南至滇池，河长制逐渐从太湖流域走向全国各地。北京、天津、江苏、浙江、安徽、福建、江西、海南8省（直辖市）在全境推行河长制，16个省（自治区、直辖市）也在部分区域实行河长制。

其中，2015年启动河长制的江西是当时河长规格最高的省份：省委书记任省级总河长，省长任省级副总河长，7位省领导分别担任"五河一湖一江"的河长，并设立省、市、县（市、区）、乡（镇、街道）、村五级河长。党政主要领导担任河长不只是挂名，江西将河长制责任落实、河湖管理与保护纳入党政领导干部生态环境损害责任追究、自然资源资产离任审计中，由省委组织部负责考核、审计厅负责离任审计。

全国各地在河长制先期探索中取得的实践经验为国家全面推行河长制奠定了良好的基础。

▶ 第三节　全面推行河长制 ◀

党的十八大以来，党中央就推进生态文明建设作出一系列重要部署，中央领导同志多次就保障国家水安全，保护河湖作出重要指示，习近平总书记就加强河湖保护多次发表重要论述，指出河川之危、水源之危是生存环境之危、民族存续之危，强调保护河湖事关人民群众福祉，事关中华民族长远发展。李克强总理指出，我国水资源时空分配不均，是世界上水情最为复杂、治水任务最为繁重、江河治理难度最大的国家。江河湿地是大自然赐予人类的绿色财富，必须加倍珍惜。

2007 年以后，各地（江苏、浙江、天津、江西等）陆续探索实行河长制，形成了可复制、可推广的工作经验。水利部及时开展调研，认真总结地方经验，将推行河长制作为深化水利改革、加强河湖管理的重要任务。2014 年，水利部印发《关于加强河湖管理工作的指导意见》，明确提出创新河湖管理模式，鼓励各地推行政府行政首长负责的河长制，对河湖的生命健康负总责。

在习近平总书记亲自部署和推动下，2016 年中央全面深化改革领导小组明确由水利部牵头制定《关于全面推行河长制的意见》。10 月 11 日，习近平总书记主持召开中央全面深化改革领导小组第 28 次会议，审议通过《关于全面推行河长制的意见》。习近平总书记强调，保护江河湖泊，事关人民群众福祉，事关中华民族长远发展。全面推行河长制，目的是贯彻新发展理念，以保护水资源、防治水污染、改善水环境、修复水生态为主要任务，构建责任明确、协调有序、监管严格、保护有力的河湖管理保护机制，为维护河湖健康生命、实现河湖功能永续利用提供制度保障。要加强对河长的绩效考核和责任追究，对造成生态环境损害的，严格按照有关规定追究责任。

2016 年 11 月 28 日，中共中央办公厅、国务院办公厅印发《关于全面推行河长制的意见》，明确在全国范围内，全面推行河长制，并对全面推行河长制作出总体部署、提出明确要求。要以保护水资源、防治水污染、改善水环境、修复水生态为主要任务，全面建立省、市、县、乡四级河长体系，构建责任明确、协调有序、监管严格、保护有力的河湖管理保护机制，为维护河湖健康生命、实现河湖功能永续利用提供制度保障。

2016 年 12 月 10 日，水利部联合环境保护部印发了《贯彻落实〈关于全面推行河长制的意见〉实施方案》，进一步细化实化河长制工作目标和主要任务，明确了时间表、路线图和阶段性目标。要求各地抓紧编制工作方案，重点做好确定河湖分级名录、明确河长制办公室、细化实化主要任务，强化分类指导，力争 2017 年年底前各省（自治区、直辖市）出台省级工作方案。要求各地建立健全河长制工作机制，制定出台河长会议、信息共享、考核问责与奖励等制度，明确工作人员，强化监督检查，严格考核问责，加强经验总结推广和信息公开。要求各地加强组织领导，强化部门联动，统筹流域协调，落实经费保障，加强宣传引导，扎实做好全面推行河长制工作，确保到2018年年底前，全面建立省、市、县、乡四级河长体系。

2016年12月13日，水利部、环境保护部、发展改革委、财政部、国土资源部、住房城乡建设部、交通运输部、农业部、卫生计生委、林业局联合召开视频会议，按照中央全面深化改革领导小组第28次会议以及中共中央办公厅、国务院办公厅《关于全面推行河长制的意见》的要求，总结交流各地河长制成功经验，动员部署全面推行河长制各项工作。会议要求各地要结合本地实际，全面抓好《关于全面推行河长制的意见》贯彻落实各项工作，抓紧制定实施方案、落实组织机构、建立健全配套制度、完善长效管理机制、严格责任考核追究以及抓好宣传引导。会议明确了全面推行河长制工作时间进度安排和阶段性目标，要求水利部会同有关部门建立部门协调机制，强化组织指导和监督检查，适时开展总结评估工作，确保河长制落实落地。

习近平总书记在2017年新年贺词中专门提到，"每条河流要有河长了"。一时间，河长这个名词变得家喻户晓，河长制迅速在神州大地推行开来。

按照党中央、国务院关于全面推行河长制的决策部署，水利部牵头建立全面推行河长制工作部际联席会议制度，并于2017年5月2日召开联席会议第一次全体会议。水利部成立了推进河长制工作领导小组，建立了部领导牵头、司局包省、流域包片的督导检查机制。2017年3月2—12日开展了2017年第一次全面推行河长制工作督导检查，掌握基层工作进展的实际情况，总结地方好的做法和经验，及时发现存在的问题，指导地方加快推进河长制工作。

▶ 第四节　湖 泊 实 施 湖 长 制 ◀

湖泊是水资源的重要载体，是江河水系、国土空间和生态系统的重要组成部分，具有重要的资源功能、经济功能和生态功能。在湖泊实施湖长制，是中央坚持人与自然和谐共生、加快生态文明体制改革作出的重大战略部署，是贯彻落实党的十九大精神、统筹山水林田湖草系统治理的重大政策举措，也是加强湖泊管理保护、维护湖泊健康生命的重大制度创新。

2017年11月20日，习近平总书记主持召开十九届中央全面深化改革领导小组第一次会议，审议通过《关于在湖泊实施湖长制的指导意见》。12月26日，中共中央办公厅、国务院办公厅联合印发了《关于在湖泊实施湖长制的指导意见》，明确全国各省（自治区、直辖市）要将本行政区内所有湖泊纳入全面推行湖长制工作范围，到2018年年底前在湖泊全面建立湖长制，并对建立健全湖长体系、明确界定湖长职责、全面落实主要任务等提出了明确要求。

2018年1月24日，水利部印发《水利部贯彻落实〈关于在湖泊实施湖长制的指导意见〉的通知》（水建管〔2018〕23号），对各地区各部门提出相关要求，以确保在湖泊实施湖长制目标任务如期实现、取得实效。

2018年1月26日，水利部、发展改革委、财政部、国土资源部、环境保护部、住房城乡建设部、交通运输部、农业部、卫生计生委、林业局联合召开视频会议，共同推动实施湖长制工作。会议对建立健全湖长组织体系、制度体系和责任体系，构建责任明确、协调有序、监管严格、保护有力的湖泊管理保护机制，树立问题导向、分类指导、因湖施策，确保指导意见提出的六项主要任务落地生根，以及强化实施湖长制的保障措施等提出了明确要求。

▶ 第五节　全面推行河长制的重大意义 ◀

当前，贯彻落实中央的决策部署，全面推行河长制，是解决河湖管理与保护突出问题的重要举措，是河湖管理与保护重要的体制机制创新，具有重大现实意义。

一、推行河长制是落实绿色发展理念、推进生态文明建设的内在要求

习近平总书记多次强调，绿水青山就是金山银山，要像保护眼睛一样保护生态环境，像对待生命一样对待生态环境。党的十八大以来，以习近平同志为核心的党中央高度重视绿色发展，把建设生态文明摆在实现中华民族伟大复兴中国梦的突出位置，作出了一系列重大战略部署。《中共中央国务院关于加快推进生态文明建设的意见》把江河湖泊保护摆在重要位置，明确提出各级党委和政府对本地区生态文明建设负总责。水是生态系统的控制要素，河湖是生态空间的重要组成部分，水利是生态文明建设的核心内容。习近平总书记对水利工作高度重视，多次发表重要讲话、作出重要指示，明确提出了"节水优先、空间均衡、系统治理、两手发力"的新时期水利工作方针，指明了水利工作的前进方向。全面推行河长制，是推进生态文明建设的必然要求，坚持绿色发展理念，必须把河湖管理与保护纳入生态文明建设的重要内容，大力推行河长制，切实强化党委政府和各有关部门保护河湖的责任，促进经济社会可持续发展。

二、推行河长制是解决我国复杂水问题、维护河湖健康生命的有效举措

习近平总书记多次强调，当前我国水安全呈现出新老问题相互交织的严峻形势，特别是水资源短缺、水生态损害、水环境污染等新问题愈加突出。河湖水系是水资源的重要载体，也是新老水问题体现最为集中的区域。近年来，一些地区非法侵占河道、围垦湖泊、滥采乱挖、超标排污等现象时有发生，对保障水安全带来严峻挑战。解决这些问题，亟须大力推行河长制，推进河湖系统保护和水生态环境整体改善，保障河湖功能永续利用，维护河湖健康

生命。

三、推行河长制是完善水治理体系、保障国家水安全的制度创新

习近平总书记深刻指出，河川之危、水源之危是生存环境之危、民族存续之危，要求从全面建成小康社会、实现中华民族永续发展的战略高度，重视解决好水安全问题。河湖管理是水治理体系的重要组成部分，涉及上下游、左右岸、不同行政区域和行业。近年来，一些地方对河湖重开发轻保护，重眼前轻长远，重局部轻全局，重治标轻治本，使河湖不堪重负，生态环境问题越来越突出。一些地方在河湖管理与保护上的目标和诉求不尽相同、各自为政，影响河湖保护的整体成效。解决这些问题，需要大力推行河长制，发挥地方党委政府的龙头作用，明确责任分工，强化统筹协调，形成河湖水生态环境保护的合力。

▶ 第六节　太湖流域片率先全面建立河长制 ◀

太湖流域片地处我国东南部，包括太湖流域及东南诸河，行政区划涉及江苏省苏南大部分地区、上海市大陆部分、浙江省、福建省（除韩江流域外）、安徽省黄山及宣城的部分地区，总面积 24.5 万平方千米。2016 年流域片总人口 14150 万人，占全国总人口的 10.2％；国内生产总值（GDP）134589 亿元，占全国 GDP 的 18.1％；人均 GDP 9.5 万元。其中太湖流域总人口 6028 万人，占全国总人口的 4.4％；GDP 72779 亿元，占全国 GDP 的 9.8％；人均 GDP 12.1 万元，是全国人均 GDP 的 2.2 倍。

太湖流域位于长江三角洲的南翼，三面临江滨海，一面环山，北抵长江，东临东海，南滨钱塘江，西以天目山、茅山等山区为界。行政区划分属江苏、浙江、上海、安徽三省一市。流域地形呈周边高、中间低的碟状地形，地势平坦，流域河流纵横交错，水网如织，湖泊星罗棋布，是典型的平原水网地区，素有"江南水乡"

之称。流域内平原面积占总面积的 80%，山丘面积占 20%；水面面积 5551 平方千米，约占总面积的 15%，其中太湖水面面积 2338 平方千米；河道总长约 12 万千米，河道密度每平方千米 3.3 千米；大于等于 1 平方千米以上湖泊 127 个；各类水库 449 座，其中大型水库 11 座。

东南诸河位于我国东南沿海地区，行政区划分属浙江、福建、安徽三省。区内地形、地貌以山地、丘陵为主，山丘区面积占全区面积的 90%。除少数河流下游有小面积平原外，绝大部分为山岭耸立、丘陵起伏、河谷盆地错落的地形，海岸曲折，多港湾、岛屿以及宽阔的海涂、海域。河流众多，一般源短流急，自成体系，独流入海；面积 50 平方千米以上的河流有 1314 条，其中流域面积大于 1500 平方千米的有钱塘江、甬江、椒江、瓯江、飞云江、鳌江、闽江、九龙江、晋江、赛江、敖江、霍童溪、木兰溪等 13 条河流；1 平方千米以上湖泊 11 个，大部分分布在浙北平原，多为海迹湖；各类水库 7579 座，其中大型水库 49 座。

中央出台《关于全面推行河长制的意见》后，水利部太湖流域管理局在前期调研基础上，第一时间商流域片五省（直辖市）水行政主管部门制定印发《关于推进太湖流域片率先全面建立河长制的指导意见》，提出力争在全国率先全面建成河长制。太湖流域片提出率先全面建立河长制，主要是基于三方面的考量：

一是太湖流域片河湖众多、河网密布、经济发达，河湖开发利用程度高，河湖管理保护压力大。近年来，在经济高速发展的同时，也面临着水体污染严重、河湖水域萎缩、水生态退化等突出问题。随着人民生活水平的提高，流域片人民群众对美好生态环境的向往愈加强烈，亟须通过河长制工作，构建责任明确、协调有序、监管严格、保护有力的河湖管理保护机制，加快破解河湖水问题，维护河湖健康生命，推动实现人与自然和谐共生。

二是太湖流域片河长制工作起步早、基础好，流域内江苏、浙江等地在全国率先探索河长制，积极推动河湖管理保护制度创新，取得了良好的成效，积累了丰富的经验，为太湖流域片全面推行河长制创造了有利条件。

三是太湖流域片各省（直辖市）对推行河长制具有广泛的共识，在《关于推进太湖流域片率先全面建立河长制的指导意见》征求意见阶段，率先全面建立河长制的工作目标得到了流域片各省（直辖市）的积极响应和广泛赞同，各地均表示太湖流域片具备率先全面建立河长制的良好基础，太湖流域片应充分发挥在河长制工作中的先发优势和示范引领作用。

水利部太湖流域管理局把助推流域片率先全面建立河长制作为流域片水利工作的重中之重，充分发挥流域管理机构协调、指导、监督、监测等作用，加强协调指导，搭建交流平台，主动贴心服务。流域片各地高度重视，认真贯彻落实，在总结已有河长制工作经验基础上，结合经济社会发展新形势，迅速行动，探索创新，按照"四个到位"（工作方案到位、组织体系和责任落实到位、相关制度和政策措施到位、监督检查和考核评估到位）要求，率先推进"见河长、见行动、见成效"，着力打造河长制"升级版"，取得了显著成效。河长制覆盖更加彻底，各地明确在全域范围内推行河长制，部分地区将河长制延伸至沟、渠、塘等小微水体。河长制组织体系更加完善，流域片各地建立了省、市、县、乡四级河长体系，大部分地区将河长体系延伸至村级，并建立了省、市、县级河长制办公室。河长制任务更加全面，从原先以水环境质量改善为主转向水资源保护、水域岸线管理保护、水环境治理、水污染防治、水生态修复、执法监管齐抓并举。监督考核更加严格，河长制考核结果成为地方党政领导干部综合考核评价的重要依据，各地针对河长制奖惩措施更加科学化、多元化。群众参与更加广泛，工会、共青团、妇联等群团组织积极投入，企业河长、乡贤河长等治水护水新生力量不断涌现，公众对河湖管理保护意识显著增强。

第二章

河 长 制 实 务

▶ 第一节　河 长 制 内 涵 ◀

全面推行河长制，是我国水治理体制和生态环境制度的重要创新，也是推进生态文明建设的重大举措。从落实绿色发展理念看，加强河湖管理保护，实现河畅、水清、岸绿、景美，是加快生态文明建设和美丽中国建设的必然要求，也是人民群众对美好生活的热切期盼。落实绿色发展理念，必须把河湖管理保护纳入生态文明建设的重要内容，作为加快转变发展方式的重要抓手，全面推行河长制，促进经济社会可持续发展。从解决我国复杂水问题看，当前我国新老水问题交织，集中体现在河湖水域萎缩、水体质量下降、生态功能退化等方面。特别是一些地方对河湖重开发轻保护，重治标轻治本，侵占河道、围垦湖泊、超标排污、非法采砂等现象时有发生，河湖不堪重负。解决这些问题，亟须大力推行河长制，推进河湖系统保护和水生态环境整体改善，维护河湖健康生命。从完善水治理体系看，河湖管理是水治理体系的重要组成部分。近年来，一些地区探索建立了党政主导、高位推动、部门联动、责任追究的河湖管理保护机制，积累了许多可复制、可推广的成功经验。实践证明，维护河湖健康生命、保障国家水安全，需要大力推行河长制，充分发挥地方党委政府的主体作用，明确责任分工、强化统筹协调，形成人与自然和谐发展的河湖生态新格局。

一、主要内涵

河长制是近几年地方涌现出来的河湖管理保护的制度创新。各地依据现行法律法规，坚持问题导向，党政领导牵头，部门联动，以保护水资源、防治水污染、改善水环境、修复水生态为主要任务，构建责任明确、协调有序、监管严格、保护有力的河湖管理与保护机制，为维护河湖健康生命、实现河湖功能永续利用提供制度保障。

二、指导思想

全面贯彻党的十八大和十八届三中、四中、五中、六中全会精神，深入学习贯彻习近平总书记系列重要讲话精神，紧紧围绕统筹推进"五位一体"总体布局和协调推进"四个全面"战略布局，牢固树立新发展理念，认真落实党中央、国务院决策部署，坚持节水优先、空间均衡、系统治理、两手发力，在全国江河湖泊全面推行河长制。

三、基本原则

（1）坚持生态优先、绿色发展。牢固树立尊重自然、顺应自然、保护自然的理念，处理好河湖管理保护与开发利用的关系，强化规划约束，促进河湖休养生息、维护河湖生态功能。

（2）坚持党政领导、部门联动。建立健全以党政领导负责制为核心的责任体系，明确各级河长职责，强化工作措施，协调各方力量，形成一级抓一级、层层抓落实的工作格局。

（3）坚持问题导向、因地制宜。立足不同地区不同河湖实际，统筹上下游、左右岸，实行一河一策、一湖一策，解决好河湖管理保护的突出问题。

（4）坚持强化监督、严格考核。依法治水管水，建立健全河湖管理保护监督考核和责任追究制度，拓展公众参与渠道，营造全社会共同关心和保护河湖的良好氛围。

四、总体要求

（一）河长设置

全面建立省—市—县—乡四级河长体系。各省（自治区、直辖市）设立总河长，由党委或政府主要负责同志担任；各省（自治区、直辖市）行政区域内主要河湖设立河长，由省级负责同志担任；各河湖所在市、县、乡均分级分段设立河长，由同级负责同志担任。县级及以上河长设置相应的河长制办公室，具体组成由各地根据实际确定。

（二）河长职责

各级河长负责组织领导相应河湖的管理和保护工作，包括水资源保护、水域岸线管理、水污染防治、水环境治理等，牵头组织对侵占河道、围垦湖泊、超标排污、非法采砂、破坏航道、电毒炸鱼等突出问题进行清理整治，协调解决重大问题，对相关部门和下一级河长履职情况进行督导，对目标任务完成情况进行考核，强化激励问责。河长制办公室承担河长制组织实施具体工作，落实河长确定的事项。各有关部门和单位按职责分工，协同推进各项工作。

（三）河长制考核

根据不同河湖存在的主要问题，实行差异化绩效评价考核。县级及以上河长负责组织对相应河湖下一级河长进行考核，考核结果作为地方党政领导干部综合考核评价的重要依据，作为领导干部自然资源资产离任审计的重要参考。对造成生态环境损害的，严格按照有关规定追究责任。

▶ 第二节　河长制工作任务 ◀

一、加强水资源保护

河湖因水而成，充沛的水量是维护河湖健康生命的基本要求，《关于全面推行河长制的意见》明确要求加强水资源保护。落实最严格水资源管理制度，严守水资源开发利用控制、用水效率控制、水功能区限制纳污三条红线，强化地方各级政府责任，严格考核评估和监督。实行水资源消耗总量和强度双控行动，防止不合理新增取水，切实做到以水定需、量水而行、因水制宜。坚持节水优先，全面提高用水效率，水资源短缺地区、生态脆弱地区要严格限制发展高耗水项目，加快实施农业、工业和城乡节水技术改造，坚决遏制用水浪费。严格水功能区管理监督，根据水功能区划确定的河流水域纳污容量和限制排污总量，落实污染物达标排放要求，切实监管入河湖排污口，严格控制入河湖排污总量。

江苏省出台《关于开展取水许可事中事后监管检查的通知》《关于进一步规范水资源论证工作的意见》《江苏省建设项目取水许可验收管理规定》等，规范取水许可验收、发证和延续程序，完善管理台账，加强跟踪督促，强化事中事后监管。江苏省水利厅出台《江苏省用水审计实施办法》，创新重点监控用水单位监管方式，对重点监控用水单位每五年开展一次严格的用水审计。大力推进县域节水型社会达标建设，2017 年 7 个县（市、区）通过国家级县域节水型社会达标验收，超额完成年度目标任务。加快推进城市公共供水管网节水技术改造，2017 年全省城市供水管网平均漏损率下降至 10.97％，较上年下降 1.9 个百分点。

浙江省修订《浙江省取水许可和水资源费征收管理办法》，完成钱塘江河口水资源配置规划、水资源保护与开发利用总体规划、浙中城市群水资源配置规划、中长期供水规划、水资源综合规划和水资源短缺的沿海、海岛区域水资源保障专题规划，明确水资源的行业配置方案。浙江省出台《浙江省人民政府关于实行最严格水资源管理制度全面推进节水型社会建设的意见》《浙江省实行水资源消耗总量和强度双控行动加快推进节水型社会建设实施方案》，印发《浙江省节水型社会建设规划纲要（2018—2022 年）》，进一步落实最严格水资源管理制度责任制。下达水资源总量和效率控制指标，实现省、市、县三级指标全覆盖。实施小农水重点县、大中型灌区节水改造、小型泵站标准化建设等项目，2017 年全省农田灌溉水利用系数已提高到 0.59，新增高效节水灌溉面积 26 万亩。

绍兴市编制实施《曹娥江流域水环境保护规划》《绍北城镇密集供水水源规划》等专项规划，建成新昌钦寸水库、诸暨永宁水库，市区实现汤浦、平水江"两库"联合供水，诸暨市实现陈蔡、石壁、青山"三库"联合供水，嵊州、新昌按照嵊新区域融合发展的要求，启动两地水资源共享论证工作。贯彻实施《浙江省取水许可和水资源费征收管理办法》，全面规范取用水许可管理。建立水利、环保、水务等部门供水量与排水量平衡核查机制，组织开展以非法取水和超许可取水为内容的专项督查。建立"一户一档"，数据全部录入省管理信息系统，对 550 家年取水量 5 万立方米以上企业取用水进行实时监控。绍兴市政府出台《绍兴市区工业用水定额（试行）》《绍兴市区生活与公共用水定额（试行）》和《绍兴市区超计划用水累进加价水费征收管理实施办法》，对综合效益排名倒数 5% 和倒数 6%～20% 的企业，实施每吨加收 0.8～1 元的惩罚性收费。绍兴市获得"国家节水型城市"称号，诸暨成为全省第一个国家节水型县市，6 个县（市、区）全面启动节水型社会建设。

宁波市加强饮用水源地保护与管理，完成了白溪水库、周公宅-皎口水库、亭下水库、横山水库等 4 个国家重要饮用水水源地安全保障达标建设实施方案的编制和实施。水利部门重点实施水库上游清洁型溪道治理、库尾生态湿地及库区水源涵养林建设，为削减入库水体的氮、磷含量，保持水土、涵养水源起到了良好效果。在完成农村饮用水水源地保护范围划定的基础上，进一步公布了水源地名录信息，开展了定界设标工作。加强入河排污口监督管理，及时开展入河排污口设置审核工作，建立健全入河排污口台账，按时将通过审核依法保留的 51 个入河排污口信息录入浙江省水资源管理系统，并公开入河排污口信息。按照"谁受益谁支持"的原则，推进饮用水源地生态补偿工作，开展第三轮用水城区与供水库区挂钩结对扶持工作，10 个用水城区（开发区）与 10 个供水库区乡镇（街道）开展挂钩结对，结对资金标准持续提高，探索水库库区"造血"发展、生态发展、水源安全保障的新模式。

《上海市水资源管理若干规定》于 2017 年 11 月 23 日经上海市第十四届人大常委会第四十一次会议表决通过，2018 年 1 月 1 日起正式施行。上海市水务局出台《上海市饮用水水源水库安全运行管理办法》，完善原水水质在线监测和预警设施建设，快速有效处置多起供水突发性事件，妥善应对连续低温寒潮影响。闵行区华漕、梅陇、颛桥、马桥四镇完成集约化供水切换，横沙岛 3.6 万名居民喝上青草沙水，全市供水集约化全面完成，百年深井公共供水成为历史。

福建省泉州市统筹推进晋江、洛阳江流域水资源保护工作，每年落实 3 亿元补偿资金实施上游水资源保护项目，近年来累计下达专项资金 11 亿元，带动上游地区 150 亿元资金投入，促使 1200 多个保护项目落地实施。统筹推进山美水库流域综合治理，落实 15 亿元，统一实施永春、德化、南安等地 1383 平方千米流域综合整治项目，确保"大水缸"水质安全。统筹推进"七库连通工程"，投入 63 亿元，实施跨 5 个流域的联合调水和综合整治工程，大幅提升泉州东部沿海片区水资源承载能力和河道生态安全水平。在全国率先研发水资源动态管理系统，实现对全市排污企业、重点取用水户、重要河道、饮用水源地的实时监测、实时预警、实时处置，并根据各县（市、区）用水总量、用水效率、限制纳污情况，采取"红黄蓝"分区动态管理，推动产业布局优化调整和水资源节约保护有效落实，促使红区向黄区转变，黄区向蓝区转变。探索利用资源卫星和无人机遥感技术，在晋江东溪实施了水源地环境管理信息系统工程，应用光谱分析和地理信息系统，精确监控水质动态，克服了地面监测站监测时效、监测范围、监测精度不足的问题。

二、加强河湖水域岸线管理保护

河湖水域岸线是河湖生态系统的重要载体，是水生态空间的重要组成部分，也是宝贵的自然资源，《关于全面推行河长制的意见》中明确要求加强河湖水域岸线管理保护。严格水域岸线等水生态空间管控，依法划定河湖管理范围。落实规划岸线分区管理要求，强化岸线保护和节约集约利用。严禁以各种名义侵占河道、围垦湖泊、非法采砂，对岸线乱占滥用、多占少用、占而不用等突出问题开展清理整治，恢复河湖水域岸线生态功能。

江苏省人民政府 2017 年印发《江苏省生态河湖行动计划（2017—2020 年）》（苏政发〔2017〕130 号），提出全面治理河湖"三乱"、推进退圩还湖工程、加强河湖水域岸线资源管控等河湖水域岸线管理保护具体措施。开展"三乱"专项整治行动，对违法占用河湖管理范围、违法建设涉水建筑物、违法向河湖排放污水倾倒废弃物的乱占、乱建、乱排行为进行全面排查清理，行动开展以来已累计排查违法行为 8000 余起，发现重点河湖违法行为 1000 余起，并建立"问题清单"，实行挂牌督办。推进全省湖泊退圩还湖生态工程，已批复 13 个退圩还湖规划，实施后可恢复水域 452 平方千米，目前已完成 6 个、恢复水域面积 92 平方千米。加快河湖管理范围划界确权，开发管理范围划定信息上报审核系统并上线运行，积极推进河湖"保护线"纳入多规合一体系中，全省已完成 4.3 万千米的划界任务，其中约 3.8 万千米划界信息已进入省级数据库，预计到 2018 年全面完成全省划定工作任务。

苏州市先后制定实施《苏州市河道管理条例》《苏州市蓝线管理办法》《苏州市西塘河管理保护办法》等河湖水域岸线管理配套法规制度，正组织编制全市河道的管理保护规划，明确功能分区，强化规划对于河湖水域岸线管理的约束引导。张家港市已全面完成本市河湖管理范围划界工作，将完成的界线测绘、界桩（牌）埋设、告示牌设置、身份证制作、1∶5000 地形图、1∶2000 地形图等成果全部录入省信息化平台，充分利用划界成果，编制重点河湖岸线保护规划，落实河湖生态空间用途管制，把管理范围线纳入国土、规划、建设等部门的管理系统，并依托河长制平台，进一步强化河湖水域岸线资源管理与保护工作。常州市大力推进退圩还湖工程实施，以退圩还湖"增空间"，努力增加湖泊水域面积，滆湖武进区退圩还湖工程实际实施完成退圩还湖面积 2.108 平方千米，编制完成的《太湖流域长荡湖退圩还湖专项规划》通过省政府批准。

金坛市、武进区政府专门印发了《关于规范湖泊保护范围内建设项目的通告》，进一步强化涉湖建设项目管理，确保退圩还湖工程顺利实施。

浙江省重新修编了钱塘江、瓯江、椒江、鳌江、曹娥江等主要江河综合规划，并将重要江河岸线利用与管理纳入流域综合规划。浙江省水利厅印发《关于全面开展河湖生态空间划定工作的通知》，指导各级水行政主管部门科学划定河湖生态保护红线，处理好河湖管护范围和生态保护红线的关系。依据相关法律、法规，通过规范性文件进一步明确省、市、县三级涉河项目审批权限，加强审批后监管和水域管理，出台《浙江省水行政许可事中事后监督检查有关规定》，实行许可机关监督检查和属地监督检查相结合的制度。委托第三方中介机构承担实地查勘、技术复核，并提出初步意见，使事后监督管理落到实处。对发现的重大问题，以发出整改通知书、防汛督办单等方式要求建设单位予以整改，仍不整改的通过内参等形式上报省政府，要求对建设单位进行督办。制定《浙江省河长巡查工作细则》，将侵占水域岸线等涉河违法行为纳入河长巡河内容，并完善跟踪处置工作机制。每年定期开展水域遥感动态监测，并将新增水域、非法占用水域纳入河长制、平安浙江等考核，核实、整改各地非法占用水域行为。全省积极推进涉水"无违建"创建工作，加大涉水"三改一拆"工作推进力度，组织开展"无违建河道"创建工作，目前已创建完成基本无违建河道3700余千米。

湖州市严格落实规划分区管理要求，强化岸线保护和节约集约利用，形成了以市域、区域为不同范围的保护规划框架，先后编制完成了《湖州市中心城市水域保护规划》《湖州市区水域保护规划》等，即将纳入城市总体规划，实现多规合一。积极推进"最多跑一次"改革，精简涉水项目审批，简化办事流程，缩短办事时间，将涉河涉堤、水保审批、取水许可等10个办事事项纳入投资项目全流程审批网，与其他环评、稳评等项目审批整合，实现"一窗受理、集成服务"。丽水市在全省率先开展了《丽水市中心城市蓝线规划》，制定完成《丽水市城市蓝线管理暂行办法》，城市蓝线规划和管理办法都已经在市本级投入使用，有效规范了涉河涉堤、涉及水域、湿地管理和审批，较好地约束了各种侵占水域、违反法律、无序建设等乱象。遂昌、云和、龙泉、松阳等县也已完成了主要城（镇）蓝线规划编制，其他各县（区）也已开展蓝线规划编制工作，在全市重要水域建立多规合一、多线协调的水域空间管理机制。

福建省全面开展河道防洪岸线及河岸生态保护蓝线规划编制，包括主要河流在内的 79 条 1936 千米河流岸线与蓝线划定工作已完成。泉州市已完成全市二、三级河道和部分县级河道岸线及河岸生态蓝线划定，部分河段已完成确界立桩。

三、加强水污染防治

水污染问题是当前我国存在的较为严重的水问题，也是人民群众反映强烈的水问题，破解河湖水体污染难题、有效防治水污染是各级政府义不容辞的责任，《关于全面推行河长制的意见》中明确要求加强水污染防治。落实《水污染防治行动计划》，明确河湖水污染防治目标和任务，统筹水上、岸上污染治理，完善入河湖排污管控机制和考核体系。排查入河湖污染源，加强综合防治，严格治理工矿企业污染、城镇生活污染、畜禽养殖污染、水产养殖污染、农业面源污染、船舶港口污染，改善水环境质量。优化入河湖排污口布局，实施入河湖排污口整治。

浙江省把水污染治理作为河长制年度工作的重点目标，提出"全面剿灭劣Ⅴ类水"专项行动，把河长作为治水的第一责任人，明确由各级党政主要负责人担任劣Ⅴ类断面的河长，实现从抓部门治水向抓政府治水的转变。由各级河长牵头制定了 11720 份"一河（湖）一策"，明确劣Ⅴ类水体清单、主要成因清单、治理项目清单、销号报结清单和提标深化清单等"五张清单"，重点推进截污纳管、河湖库塘清淤、工业整治、农业农村面源治理、排放口整治和生态配水与修复等六大工程，实施挂图作战。58 个县控以上劣Ⅴ类断面以及 16455 个劣Ⅴ类小微水体治理完成并通过销号验收。2017 年，累计关停淘汰"低小散"企业 3 万余家，整治提升 1 万多家、高能耗、高污染的大批特色小行业企业关停、整治、提升，人水和谐、低碳环保的生态之美进一步凸显。

嘉兴市将入河排污（水）口排查和标识工作作为摸清水环境污染源情况的重要举措，各县（市、区）已完成一轮排污（水）口排查，全市排污（水）口标识牌安装工作也已基本完成。绍兴市强势推进印染、化工行业整治提升，2016 年以来全市累计停产整治印染企业 160 家、化工企业 177 家，分别占企业总数的 47.6％和59.2％。扎实开展农业污染治理，全市累计清养关停畜禽养殖场 6000 余家，779 家保留的规模生猪场畜禽排泄物综合利用率达到98.9％。市区平原河网累计完成水面禁限养区划定和整治 12 万亩，全面推行"洁水养鱼"。实施截污纳管建设三年行动，全市累计新增城镇污水配套管网 1050 千米，118 个乡镇（街道）实现污水处理设施全覆盖，所有污水处理厂执行一级 A 标准。在全市范围内组织开展河湖清淤大会战，2016 年以来全市累计完成清淤 3036 万立方米，建成 7 个淤泥固化处置技术中心，实现平原地区固化全覆盖，年固化处置能力近 600 万立方米。

上海市对入河排污口、泵站排放口实行全覆盖管理，建立健全上海入河排放口监督管理的办法或政策，完善入河排放口设置或变更、检查核查、监测、通报、处罚、台账等全过程管理要求，建立入河排放口清单，竖立入河排放口标识牌，建立入河排放口身份证制度和水质监测制度，相关信息纳入信息化管理平台。下发《上海市水污染防治行动计划实施方案》，加快污水处理、污泥处置基础设施建设，全市城镇污水处理率为 95％。

嘉定区开展雨污混排整治，对企事业单位、居住小区雨污混接混排情况开展地毯式排摸，发现一处整治一处。全面排摸河道内排放口，对存在污水排放现象的排放口进行封堵，追根溯源找出污染源头，开展专项整治，同时对河道内排放口设置标识牌，加强日常监管。加快完善二级管网系统，并对 500 处直排污染源截污纳管。推进污水处理厂提标改造，按照不低于一级 A 排放标准，在 2017 年年底前完成全区污水处理厂 37.5 万吨/日污水处理提标改造，减轻污水厂尾水排放对河道水质的影响。推进农村生活污水治理,根据《嘉定区村庄布点规划》以及区村庄改造计划,完成3万户农村生活污水治理。

福建省坚持治水先治污,坚持"控源、截污、纳管",重点排查敏感区域的重污染行业和涉重金属企业,由河及岸追溯污染源头。以养殖污染整治为核心,严格落实禁养区、可养区制度,该关闭的要关闭、该拆除的要拆除、该改造的要改造,切实加强农业面源污染整治。通过污水进管、垃圾进场、雨污分流等措施,着力消灭群众反映强烈的黑河、臭河、垃圾河。重点开展河道行洪障碍、城市黑臭水体、生猪养殖污染"三个全面清理"专项行动及小流域综合整治、超规划养殖整治、水生生物资源增殖放流等工作。

漳州市强化对各流域重点区域的生猪养殖污染专项整治,依法严厉打击养殖污染违法行为。紧盯禁养区和可养区存栏250头以下养猪场户回潮反弹关闭拆除扫尾工作,2018年全面完成规模猪场标准化升级改造任务,通过改造全部实现达标排放或零排放。紧盯化肥、农药使用量,确保到2020年,全市化肥、农药使用量零增长,利用率分别达到40%。健全市场化治理机制,加快培育农业面源污染第三方治理主体,积极引导社会资本参与农业面源污染的治理。落实农业面源污染治理属地管理责任,强化部门监管责任,综合采取通报、考核、问责等措施,对工作不力、进度滞后的地方和有关部门、责任人进行约谈,确保农业面源污染防治达到预期目标。龙文区全面实施禁养禁采。关停全区非法违法砂、土、矿点57家,石板材加工厂51家,拆后场地"宜征则征、宜绿宜绿",有效利用。拆除插花地、部队营地生猪养殖户12家、取缔反弹49宗,完成可养区最后13家规模养殖场去功能化,实现全区生猪禁养。坚持"零容忍、全覆盖",严厉打击企业违法排污,组织开展企业排污专项排查,排查企业643家次、雨水井盖1500多个、雨水管50多千米,全面取缔"十小"企业,责令26家雨污混排企业完成整改。

泉州市德化县水口镇加大生活污水、垃圾收集和处理投入,投资385.6万元实施浐溪、涌溪沿线村庄农村环境连片整治项目,建设垃圾填埋场 1 个、300 吨微动力污水处理站 1 座、一体式生活污水处理设施 278 座、垃圾屋 32 座,铺设污水管网 800 多米,安装饮用水源隔离网 300 米。禁止有污染的企业入驻,关闭拆除辖区内规模养猪场 2 处,拆除猪舍 600 多平方米,清理非法养鱼网箱 200 多箱。在涌口水库建设水质监测站 1 座,开展水质摸底监测,全镇饮用水源水库均达到饮用水源水质标准。

四、加强水环境治理

良好的水生态环境,是最公平的公共产品,是最普惠的民生福祉,《关于全面推行河长制的意见》中明确要求加强水环境治理。强化水环境质量目标管理,按照水功能区的要求确定各类水体的水质保护目标。切实保障饮用水水源安全,开展饮用水水源规范化建设,依法清理饮用水水源保护区内违法建筑和排污口。加强河湖水环境综合整治,推进水环境治理网格化和信息化建设,建立健全水环境风险评估排查、预警预报与响应机制。结合城市总体规划,因地制宜建设亲水生态岸线,加大黑臭水体治理力度,实现河湖环境整洁优美、水清岸绿。以生活污水处理、生活垃圾处理为重点,综合整治农村水环境,推进美丽乡村建设。

江苏省通过典型引路,示范带动,积极打造"一河、一城、一地"河长制工作样本,水环境质量持续改善,公众满意度和幸福感大幅提升。太湖水质稳中趋好,水质达标率达 88.3%,同比上升 5.2 个百分点,入湖河流水质基本达到或优于Ⅲ类,东太湖水质达Ⅱ类,水厂供水水质全部达到或优于国家标准。各地积极推进水系连通工程建设,"一城河湖清水流"成为常态。无锡市建成覆盖所有城镇的 73 座污水处理厂,全部达到一级 A 排放标准,日处理能力达到 218.4 万吨。广泛开展"排水达标区"创建活动,累计建成 5081 个"排水达标区",全市城镇污水集中处理率达到 90%,其中主城区达 95%,建成国内一流的污水收集和处理体系。苏州市 2015 年启动实施了农村生活污水治理三年行动,每年完成 1000 个村 10 万农户生活污水治理任务,到 2017 年年底,实现特色村、重点村全覆盖，全市农村生活污水处理率达 80％ 以上，做到"治理一片、水环境改善一片、群众满意一片"。相继完成七浦塘、杨林塘、一干河、七干河等区域、县域骨干河道综合整治，列入国家专项计划的 19 条 25 段中小河流治理工程全部完工，水系布局进一步优化。常州市启动主城区"畅流活水"工程，进一步促进主城区内部河道水体有序流动。对现状水质达到或优于Ⅲ类的水质良好的控制单元，采取水生态保护及风险防范措施，确保水质不退化。对水质为劣Ⅴ类、Ⅴ类或其他水质需要改善提高的控制单元，采取综合措施大幅削减控制单元内氮磷污染物排放量。同步建立村庄生活污水处理设施运行保障机制，太湖流域一、二级保护区内已建村庄生活污水处理设施运行率达 90％ 以上，其他地区已建设施运行率达 80％ 以上。

浙江省杭州市每月对已整治黑臭河开展水质监测，根据结果向属地政府及河长发出"红、黄、橙"三色预警通报。建立预警督办跟踪机制，针对整改不力的，启动问责程序。公众通过"杭州河道水质"APP 等"两微一端"随手拍反映问题，河长在 5 个工作日内整改回复。实施年度重点任务月度通报，督促各级河长掌握重点任务进展情况，及时协调推进完成进度。率先在全省实施对全市范围乡镇级河道水质的每月一次监测，并将监测数据全部向社会公开，已公布水质监测数据 20 余万条，全面接受社会监督。余杭区径山镇借助目前比较成熟的网格化管理工作机制，将"小微水体"治理和保洁工作纳入到各网格责任中，并通过制定考核、督查、问责机制等加强辖区内"小微水体"长效管理。通过"试点先行、以点带面"的工作思路，逐步打造示范点、示范线、示范村三类示范，以示范带动，全面建立治、管、保、防"四位一体"小微水体长效管理工作体系，落实安排小微水体治理和长效管理资金。

上海市突出中小河道水环境治理，将"城乡中小河道综合整治"纳入推行河长制的首要任务，按照"工作目标全覆盖"的要求，提出 2017 年年底前全市中小河道基本消除黑臭的工作目标，重点完成 1864 条段 1756 千米黑臭河道整治任务。根据最新水质监测报告，1864 条段黑臭河道已全部消除黑臭，公众满意度均在 90％以上。闵行区推进"五违"整治，实现河道"三清"，各级河长深入河道一线，通过"全面覆盖不遗漏、完善机制求实效、保护水源重民生、整治顽疾除隐患、综合治理促长效"等工作机制，以黄浦江水源保护地、老旧"城中村"和外来人员聚集地等重点、难点区域为突破口，使一大批历史遗留的"老大难"违章得到清除。大力实施重污染河道整治工程，将河岸红线内违建全部拆除，将农户生活污水收集、新老公厕污水纳管应纳尽纳，同步铺设雨水管道，确保雨污分流。嘉定区制定了《嘉定区镇村级河道轮疏规划》，细化轮疏计划，指导各街镇结合区域实际，分轻重缓急，排定 2016—2020年轮疏计划，将计划落实到每一条河段，力争到 2019 年年底完成1000 千米的镇村级河道轮疏，并将这 1000 千米河道轮疏保持断面动态达标，增加河道库容。青浦区赵巷镇中步村结合"美丽乡村"建设，试点开展村民自治，村两委班子创新方式，针对村内 8 千米河道，通过竞争上岗挑选 6 名"小河长"，实行包干保洁，确保了保洁成效，同时有效激发调动了村民自我管理、相互约束的主动性和积极性，营造了爱河护河的良好氛围。

福建省河长办牵头组织省水利、环保、海洋渔业部门，对现有水质监测点位进行分析研究，按照不重复建设、信息共享、加密界面的原则，优化水质监测站点，新增 3 个县级、731 个乡镇级和 136个水库点位，实现市县乡三级行政交接断面监测全覆盖。漳州市加大小流域整治力度，强化考核通报，定期通报考核水质状况，督促各地落实存在问题和薄弱环节整改，小流域水质总体上已有显著改善。加强排查整治，先后两次组织执法人员开展小流域专项检查，深入排查 12 条不升反降小流域水质超标原因，及时下发督办单，提出整治措施，督促属地进一步加大整治力度，改善提升小流域水质。印发《提升漳州市水环境质量专项行动 2017 年度实施方案》，开展饮用水源地规范化建设，全市县级以上水源地共设置保护区界碑、警示牌、宣传牌等各类标识牌 204 个，修建 11.68 千米一级保护区隔离网。对市级水源地每年开展 12 次 62 项指标监测，开展一次全指标分析；县级水源地每年开展 12 次监测，单月 62 项指标，双月 29 项指标；乡镇水源地每年开展一次常规监测，密切跟踪水质变化。连续 3 年开展水源地环境状况调查评估工作，实施水源地上下游联防联控。平和县狠抓河道河岸整治，扎实开展百日清淤清障，全县清障长度达到 213.5 千米，清障面积达到 160 万平方米，清理弃土弃渣数量达到 5.8 万立方米。三明市大田县将水环境治理与美丽乡村建设相结合，实施拦河蓄水、河滨景观、生态护岸、河道清淤等工程建设，打造了桃源蓝玉、湖美西燕等一批具有田园风光、山水特色的美丽新型农村社区，营造了"城在山中，绿水环绕"的优美人居环境。

五、加强水生态修复

山水林田湖草是一个生命共同体，要坚持生态优先、绿色发展，注重系统治理，永葆江河湖泊生机活力，《关于全面推行河长制的意见》中明确要求加强水生态修复。推进河湖生态修复和保护，禁止侵占自然河湖、湿地等水源涵养空间。在规划的基础上稳步实施退田还湖还湿、退渔还湖，恢复河湖水系的自然连通，加强水生生物资源养护，提高水生生物多样性。开展河湖健康评估。强化山水林田湖系统治理，加大江河源头区、水源涵养区、生态敏感区保护力度，对三江源区、南水北调水源区等重要生态保护区实行更严格的保护。积极推进建立生态保护补偿机制，加强水土流失预防监督和综合整治，建设生态清洁型小流域，维护河湖生态环境。

江苏省人民政府出台《江苏省生态河湖行动计划（2017—2020年）》，以全面推行河长制为契机，坚持生态优先、河长主导、因河施策，全面加强水生态修复。省有关部门制定了生态河湖专项方案和年度计划，各地也陆续出台生态河湖实施方案。苏州市加大生态湿地保护、建设和管理力度，重点建设环太湖湿地保护区、北部沿江湿地保护区和中南部湖荡湿地保护区。按照《苏州市湿地保护条例》，制定了湿地保护方案，自然湿地保护率从 2013 年的 45% 上升至 51.4%。加快推进生态河道建设，编制了《生态河道技术指南》，全市已建成生态河道957千米，建成多种形式生态护岸850千米，城乡水生态环境日益改善。深入开展河湖健康评价的试点工作。

浙江省实施京杭大运河塘栖段生态修复工程，河道全长3.88千米，总修复面积32万平方米，通过拦坝工程、底泥消毒改良、河道平整、河底管道截污纳管、微纳米曝气工程、固化微生物投放、沉水植物种植、水生动物投放以及生态浮岛景观工程，最终构建了完整的生态系统，恢复了水体的自净功能，根据最新的检测结果，水质已经达到了Ⅲ类水，透明度在1.5米以上，为周边的居民提供了良好的生活环境，也推动了当地旅游业的发展。丽水市探索实施了河道经营权改革，经营权通过协商或招标投标承包到户，合理分配承包权出让收益，承包户通过养殖获得收益，并按规定履行河道清洁、保护义务，变政府治水为共同治水，建立起"以河养河"的长效管护机制。湖州市完成了全国首张比较系统完备的自然资源资产负债表，制定了《湖州市自然资源资产保护与利用绩效考核评价暂行办法》，探索建立了水源地保护生态补偿机制与"六年清一轮"的河道轮疏机制。

上海市金山区通过底泥疏浚、生态护岸建设、人工湿地、生态浮岛等措施，逐步修复遭到破坏的水生态系统。枫泾镇通过引进食藻虫生物净水技术，在中洪村杨进浜河道中构建"水下森林"生态系统，增强了水体的持久净化功能，促进水质自我净化，实现了生态系统的恢复，水体中还设计了多套循环和推流曝气系统，加强水体整体循环流动，以达到流水不腐和水体富氧净化的效果。嘉定区开展古猗园水生态治理，运用物理—生物—生态的综合治理方法，采用曝气、底泥疏浚、食藻虫—水下森林共生系统、食物网系统构建和近自然驳岸重建等技术体系，改善园内水体水质，使水质从国家地表水的劣Ⅴ类提升到Ⅲ类水标准，达到标本兼治的综合治理目标。

福建省提倡生态治水，在各类水利工程中运用安全与生态并重的治理方式，莆田延寿溪、宁德霍童溪、永春桃溪等一批安全生态水系陆续建成，惜水、节水、爱水、护水的氛围日益浓厚。出台全国第一个水电站生态电价管理办法，通过价格机制作用，推进水电站落实生态流量，切实改善河流水环境，得到水利部充分肯定。该办法被印发全国推广学习。在全国率先实施安全生态水系建设，计划实施安全生态水系建设 800 多条，建设总河长 5000 多千米。按照"顺应自然、因势利导、保护优先、自然恢复"的原则，采取"因地制宜、一河一策"的治理对策措施，通过水系连通、生态护岸、生物净化等综合措施，系统开展中小河流治理、防洪工程建设、清淤清障疏浚、水土流失治理、小水电退出、硬化护岸改造、河滩湿地修复，逐步改善河水、改良河床、恢复河滩、重塑河岸，让河流有自然弯曲的河岸、有常年流动的河水、有天然的砂石、有深潭浅滩和泛洪漫滩、有丰富的水生动植物、有野趣乡愁，让河流再现蓬勃生机。截至 2017 年已累计完成生态河道治理 1000 多千米。

龙岩市通过建立上下游补偿机制加强水生态修复，由福建省与广东省政府签订《关于汀江—韩江流域上下游横向生态补偿的协议》，利用上下游补偿协议倒逼市、县全力推进水生态保护工作。漳州市龙文区通过水利工程建设来开展水生态修复，以安全生态水系、水系连通项目两大重点水利工程为抓手，加快推进生态水系项目建设。泉州市永春县注重水土保持，强化植被保护，坚持岸上与岸下齐抓、治标与治本同步，完成水土流失治理 12.28 万亩，水土流失率从 13.36% 下降到 12.25%，荣获"全国水土保持监督管理能力建设县"和"国家水土保持生态文明工程"称号。注重造林绿化，促进水源涵养，开展全城植绿，实施造林绿化、幼林抚育、封山育林，完成造林绿化 3.28 万亩，森林覆盖率达到 69.5%，高出全省平均 3.6 个百分点，绿化程度达到 94.5%，荣获全国绿化模范县。创建湿地公园，优化流域生态，开展桃溪国家湿地公园试点工作，保护和优化桃溪湿地生态系统和生态功能，保护和改善湿地生物栖息环境，保护和恢复生物多样性，提高湿地公园的生态系统服务价值，保障晋江流域的生态安全。注重电站退出，修复生态河道，开展电站转型升级工作，退出老旧电站 25 座、限制运行 1 座、转型 2 座，累计增加 28 千米河道生态流量，促进河流生态修复，被确定为全省小水电退出试点县。

六、加强执法监管

严格的执法监管，是维护良好的河湖管理秩序，保障河长制各项任务目标顺利实现的重要保障，《关于全面推行河长制的意见》中明确要求加强执法监管。建立健全法规制度，加大河湖管理保护监管力度，建立健全部门联合执法机制，完善行政执法与刑事司法衔接机制。建立河湖日常监管巡查制度，实行河湖动态监管。落实河湖管理保护执法监管责任主体、人员、设备和经费。严厉打击涉河湖违法行为，坚决清理整治非法排污、设障、捕捞、养殖、采砂、采矿、围垦、侵占水域岸线等活动。

江苏省将河湖专项执法检查活动作为贯彻落实河长制要求，加快推动江苏生态河湖行动计划落实的重点工作，制定河湖保护专项执法行动方案，成立河湖保护专项执法行动领导小组，太湖河长亲自带队巡河，水利厅主要领导及分管领导多次率督查组赴重点河湖检查督导专项执法检查活动开展情况及重点案件查处情况，并专门召开太湖片执法会商会，与水利部太湖流域管理局共同研究加快推进太湖片重点水事违法项目查处，指导专项行动开展，协调解决有关问题。苏州、无锡、常州等地已列入省湖泊保护名录的太湖等重点河湖、区域重要骨干河道作为专项执法重点全面组织检查，借助信息化手段开展河湖动态监控工作，通过遥感卫星对重要河湖违法情况进行全面调查并强化跟踪处置。执法检查活动开展以来，江苏全省共派出执法巡查人员 10 万多人次，立案查处各类水事案件 470 余起。

浙江省充分利用各级河长办工作平台，统筹协调水利、环保、建设、农业、公安等职能部门，加强联防联治，实现上下游、左右岸、水下岸上综合治水。实施学法用法案例批注共享，"线下""线上"两种方式查询使用水法律法规、典型案例。浙江省水利厅制定印发《浙江省水利厅重大行政执法决定法制审核工作规程（试行）》（浙水法〔2017〕1号），明确重大许可、纠纷裁决、处罚等行政执法决定法制审核程序。将河湖执法检查活动作为水行政主管部门贯彻落实中央全面推行河长制意见和"三改一拆""五水共治"行动的一项重要举措，力争处理70％以上积案，一河一档，全面排查，大力拆除涉水违章建筑，对各类水事违法行为实行"零容忍"。推进"最多跑一次"，改革重大决策部署，打破信息孤岛，实现数据共享，在提升水利系统办事效率上走在全国前列。

杭州市制定了《联动治水工作方案》，建立跨区跨部门协作机制，每月由市河长办通报执法情况。湖州市与嘉兴市签订湖州—嘉兴环境友好区域协作意见，建立联动治水机制，德清县和南浔区、吴兴区和开发区围绕跨界河道，以"河长制"为抓手，建立联动工作机制，共同治理共享成果，同时强化与公安部门联动机制，建立完善联动执法联席会议、常设联络员、重大案件会商督办制度"三项制度"和案件移送、联合调查、信息共享、奖惩机制"四项机制"。温州市结合"大拆大整、大建大美"行动，强势推进沿河城中村改造、违法建筑拆除。金华市出台首部实体性地方性法规《金华市金华江流域水环境保护条例》，于2017年3月1日起正式实施，水环境保护及河长制工作有法可依。衢州市在建立部门联动机制及上下联动机制的基础上，充分发挥公安部门和乡镇、村在日常监管方面的作用，加大盗采砂石、涉河违章、非法捕捞等方面的打击力度。舟山市不断完善水资源环境司法保护机制，开展"助推剿灭劣Ⅴ类水行政执法监督专项行动"，以剿劣护水为重点，开展"铁拳"系列等多批次专项执法行动。台州市组织开展"斩污除患"雷霆行动，加大对环境污染行为的执法力度和涉水违法建筑的整治力度。

上海市出台《上海市水务局上海市海洋局法治政府建设三年行动计划（2017—2019年）》。全市城乡中小河道综合整治、"三无"居家船舶整治、严管本市河湖水面率、三违一堵、一湖两河联合执法、一线海塘滩涂河湖执法、长江非法采砂河湖执法等7大专项活动组织有序、推进有力、措施有效。青浦水务执法支队创新执法方式，搭建执法业务综合化在线办公平台，将案件办理、举报办理、许可监督、外出巡查等业务工作统一纳入平台，实现多终端在线办公，推进行刑衔接，向公安部门移送两起损毁堤防案和一起擅自设置排污口案件，有效震慑了水事违法行为。

福建省出台了《关于加强生态环境资源保护行政执法与刑事司法工作无缝衔接意见》，省检察院在全国率先设立驻省河长办检察联络室，市县正在同步成立。建立河道专管员与水政监察队伍的联动机制，提高涉河涉水事件的反应速度、执法成效。漳州市成立了生态环境审判巡回法庭，围绕河流水资源保护、水岸线管理、水污染防治、水环境治理、水生态修复等任务，依法审理涉水生态环境资源各类案件，加强对涉水资源案件的预防、修复、打击，进一步建立完善与河长制职能发挥相配套的水生态环境司法保护制度。大田县集中水利、国土、环保、安监、林业等部门的行政处罚权，成立生态综合执法局，开展全县水环境领域综合执法工作。永春县设立生态警察中队，提高流域生态执法震慑力，生态警察还与法院、检察院生态司法力量一同发力，公检法联合为河长制保驾护航。

▶ 第三节　河长制工作的组织推动 ◀

全面建立河长制要做到"四个到位"，工作方案到位、组织体系和责任落实到位、相关制度和政策措施到位、监督检查和考核评估到位。

一、工作方案到位

各地的工作方案围绕《关于全面推行河长制的意见》提出的水资源保护、水域岸线管理保护、水污染防治、水环境治理、水生态修复、执法监管等任务，结合本地河湖管理保护实际，统筹经济社会发展和生态环境保护要求，处理好河湖管理保护与开发利用的关系，进一步细化、实化工作任务，明确各项任务的时间表、路线图和阶段性目标，提高方案的针对性、可操作性。

省、市、县、乡级应制定河长制工作方案，由各级党委或政府印发实施，内容应符合《关于全面推行河长制的意见》《水利部 环境保护部贯彻落实〈关于全面推行河长制的意见〉实施方案》要求，主要内容包含河长制实施范围、河湖管理保护目标、组织形式、河长及河长制办公室职责、主要任务及部门分工、监督考核、相关制度和保障措施。工作方案应符合本级河湖管理保护实际，工作目标、任务设置应流域区域综合规划、专业专项规划相衔接。

上海市于 2017 年 1 月 20 日印发《关于上海市全面推行河长制的实施方案》，是全国第一个出台省级工作方案的地区。实施方案将河长制目标、任务设置与本市"十三五"规划、最严格水资源管理、水污染防治行动计划、无违村居（街镇）创建、美丽乡村建设等相结合，要求水务部门会同环保、住建等部门统筹推进河长制各项任务，加快形成治水与治岸、生态保护与经济发展协同联动的长效机制，推进水域岸线管理和保护、河湖水面控制和水生态修复等重点工作。杨浦区制定了《关于杨浦区全面推行河长制的实施方案》，按照"党政同责、一岗双责"的要求和"分级管理、属地负责"的原则，建立了区委书记担任第一总河长，区委副书记、区长担任总河长，区委常委、副区长任副总河长，街镇党政主要领导担任二级河长的区二级河长组织体系。所有河湖、小微水体都明确了河长，河长名单通过媒体、政府网站、河长公示牌等形式向社会公布，实现了全区所有河道河长的全覆盖。

为全面深化推进河长制工作，各地在工作方案基础上，以"更高、更严、更实"的要求，提出阶段性行动计划。例如，江苏省于 2017 年 10 月 9 日印发了《江苏省生态河湖行动计划（2017—2020年）》，将本省河长制确定的 8 项任务，落实到水安全保障、水资源保护、水污染防治、水环境治理、水生态修复、水文化建设、水工程管护、水制度创新等 8 个方面的具体行动。张家港市研究制定了《张家港市水环境综合治理三年行动计划（2015—2017 年）》，提出通过统筹开展水系沟通整治、工业污染治理、生活污水纳管、畜禽养殖治理、水运污染防治等，用三年时间完成 218 条问题河道的综合整治，实现水质和河道环境面貌的显著改善。福建省大田县制定

《大田县全流域保护与发展规划（2017—2020 年）》，明确功能分区，划定"三条红线"，实行河岸一重山禁止林木砍伐、河道一条线禁止砂石乱采、河边一千米禁止畜禽养殖。坚持规划项目化，策划生成全流域保护开发项目库，分期分批实施水安全、水生态、水景观、水文化、水经济等重大项目。

二、组织体系到位

全面推行河长制要求各地建立健全以党政领导负责制为核心的责任体系，明确各级河长职责，强化工作措施，协调各方力量，形成一级抓一级、层层抓落实的工作格局。

（一）建立河长体系

全面建立河长制要求建立省、市、县、乡四级河长体系。《关于推进太湖流域片率先全面建立河长制的指导意见》提出"有条件的地方，特别是平原河网地区积极探索河长向村（社区）拓展"，河长制覆盖范围可进一步延伸至沟、渠、塘等小微水体。

各级河长负责组织领导相应河湖的管理和保护工作，包括水资源保护、水域岸线管理、水污染防治、水环境治理等，牵头组织对侵占河道、围垦湖泊、超标排污、非法采砂、破坏航道、电毒炸鱼等突出问题依法进行清理整治，协调解决重大问题；对跨行政区域的河湖明晰管理责任，协调上下游、左右岸实行联防联控；对相关部门和下一级河长履职情况进行督导，对目标任务完成情况进行考核，强化激励问责。

江苏省省级总河长由政府主要领导担任，市、县、乡三级实行双总河长，总河长全部由各级党委政府主要领导担任。省长担任省级总河长，11 位省委、省政府负责同志担任省级河长。省、市、县、乡、村共设立五级河长 6 万余人，村级、企事业单位小微水体均分片明确了河长，实现全省河湖河长全覆盖。

浙江省省、市、县、乡四级总河长全部由各级党委或政府主要领导担任。省委书记和省长共同担任全省总河长，各市县主要领导均担任本地区的总河长。省级工作方案明确跨设区市的 6 条河道分别由省委、省人大、省政府、省政协的 1 名副省级领导担任省级河长。在省、市、县、乡、村五级河长的基础上，进一步延伸到沟渠塘池等小微水体，构建起五级联动、水域全覆盖的河长体系。全省共有村级以上河长 5.7 万余名，其中省级总河长 2 名、省级河长 6 名、市级河长 200 余名、县级河长 2000 余名、乡级河长 19000 余名、村级河长 35000 余名。

上海市全面建立市—区—街镇三级河长组织体系，设立三级总河长，全部由各级党委或政府主要领导担任。通过媒体、门户网站、微信公众号等形式，分四批落实并公布了各级总河长名单和市管、区管、街镇管、村级河道以及小微水体的河长名单。全市共明确各级河长 7700 余名，其中党政领导 1700 余名、村居干部 5400 余名、企事业单位负责人等 600 余名，覆盖本市所有河湖和小微水体。此外，部分区还结合实际，探索设立民间河长、河道监督员等 3000 余名。

福建省省、市、县、乡四级总河长全部由各级党委或政府主要领导担任。省、市、县、乡分级分段设立河长近 5000 人，省级河长 4 名、市级河长 41 名、县级河长 561 名、乡级河长 4367 名，并分级在媒体上公示，实现所有区域、河流的河长组织体系全覆盖。总河长由省委书记担任；副总河长由常务副省长及两位副省长担任，并分别兼任干流跨设区市的闽江、九龙江、敖江河长。此外，还聘请村级河道专管员 13000 余名，部分市县还结合实际设村级河长 6300 余名。

安徽省省、市、县、乡四级总河长全部由各级党委或政府主要领导担任。省、市、县、乡、村五级河长组织体系全面建立，省委书记和省长共同担任省级总河长，常务副省长任省级副总河长，4 位省领导分别担任巢湖、长江干流、淮河干流及新安江干流省级河长。全省共设立省、市、县、乡、村级总河长、副总河长、河长 52000 余名。

（二）设立河长制办公室

全面建立河长制要求县级及以上设置相应的河长制办公室，明确牵头部门和组成部门，落实工作人员，具体组成由各地根据实际确定。一些地区可在乡镇设立河长办，进一步加强基层河长制工作力量。部分地区通过新增机构、领导职数、人员编制等举措进一步夯实河长制工作基础。

江苏省省、市、县、乡四级河长办实行实体化运转，河长制工作办公室设在省水利厅，由省水利厅厅长担任河长办主任，从省河长制工作领导小组相关成员单位抽调人员 20 名，实行集中化办公。省河湖长制工作处获省编办批复。全省 13 个设区市、120 个县（市、区）、1375 个乡镇均已设立河长制办公室。

浙江省省级河长办与省"五水共治"工作领导小组办公室合署办公，统一工作人员、统一办公地点、统一财政预算，统筹指导全省河长制工作。副省长、省"五水共治"领导小组办公室主任兼任河长办主任。全省 11 个设区市、89 个县（市、区）及各开发区（产业集聚区）均已设立河长制办公室，并按照省委省政府的要求与当地"五水共治"工作领导小组办公室合署办公。各级河长办工作人员按照挂职锻炼的工作方式，从各成员单位抽调，办公经费按照预算制管理的运作流程，由本级人民政府审核拨付。全省共设有省、市、县各级河长办 127 个，共计抽调 2000 余名工作人员。

上海市市级河长办设在市水务局，由市水务局和市环保局共同负责，市水务局局长担任河长办主任。市水务局机关增加正副处级职数 2 名，市水利管理处增加事业编制 5 名，增挂上海市河湖管理事务中心牌子，承担市河长办的相关事务性工作。成立市、区、街镇三级河长制办公室，其中市河长办设在市水务局；区河长办中，11 个区设在同级水行政主管部门，5 个区设单独办公室；街镇河长办与社管办合署办公。落实 1400 余名干部职工从事河长办工作，各级河长办相关经费纳入本级水行政主管部门财政预算。

福建省省、市、县、乡逐级设立河长办，实行集中办公、实体运作。省级河长办公室设在水利厅，由水利厅厅长兼任主任，水利厅、环保厅各抽调 1 位副厅长担任专职副主任，省住建厅、农业厅各 1 位副厅长兼任副主任。同时在省水利厅设立河务处作为具体办事机构，设立省河务管理中心作为技术支撑单位。市县比照省级河长制办公室设置办法，相应设置河长制办公室和河务管理中心，乡级也都成立了河长办。省、市、县、乡四级共设 1182 个河长办，其中省级 1 个、市级 10 个、县级 93 个、乡级 1078 个，现有工作人员4700 余名，办公场所、设施设备、办公经费全部落实到位。

安徽省省级河长办设在省水利厅，省水利厅厅长担任河长办主任、省环保厅 1 名副厅长任第一副主任、省水利厅分管领导任副主任。省编办已批复省水利厅内设河长制工作处，核定行政编制 9 名，其中处级领导职数 3 名。省、市、县、乡级河长办全部设置到位，16 个市级河长办明确 100 余人、133 个县（市、区、开发区）级河长办明确 500 余人、1524 个乡镇（街道）河长办明确 4500 余人具体从事河长办工作。

（三）河长办与组成部门责任分工

河长制办公室承担河长制组织实施具体工作，落实河长确定的事项，通过建立河长制工作领导小组、设置河长制成员单位等明确职责分工，搭建协调有序、运转高效、责任落实的工作平台。各有关部门和单位按照职责分工，协同推进各项工作。

江苏省省、市、县全面建立河长制工作领导小组，定期召开河长制工作领导小组会议，研究部署推行河长制的重点工作。浙江省省级河长办与省"五水共治"工作领导小组办公室合署办公，成员单位包含水利、环保、发改、建设、农办等 26 个省级政府部门。上海市市级河长办设在市水务局，由市水务局和市环保局共同负责，市委、市政府 15 个委办局作为成员单位。福建省省级河长办公室挂靠水利厅，由省发改委、经信委、国土厅、环保厅、住建厅、农业厅、林业厅和海洋渔业厅等 14 个成员单位组成。按照"协调日常化、责任不转移"的原则，省、市、县实施方案均明确了水利、环保、住建、农业等部门的工作任务，逐级细化河长办各成员部门的职责分工。安徽省水利厅成立了推进河长制工作领导小组，各成员单位的联络员为河长办成员。省河长办定期召开成员会议，研究会商政策，调度推进工作，各成员单位密切配合，协调联动，形成合力，协同开展河长制工作督查、考核验收等工作。

（四）设置河长公示牌

河长公示牌是"见河长"的重要举措，各地结合实际在河湖显著位置设置河长公示牌，亮明身份，接受公众监督。同时，在公示内容、规格版面、维修管护等方面出台了各具特色的公示牌设置标准或要求，规范设立河长公示牌。

江苏省印发《关于设立江苏省省级河长公示牌的通知》，对公示内容、规格版面、设置数量、位置、管理维护等提出要求，全省共设立省、市、县、乡各级河长公示牌近 8.5 万块。

浙江省印发《浙江省河长公示牌规范设置指导意见》，全省河长公示牌已覆盖各级河流，并按规范标明完整内容，共设立河长公示牌 4.3 万余块。河长制公示牌还率先设置二维码，加强互动，接受全社会公众监督。

上海市出台《上海市河长公示牌规范设置指导意见》，要求在河湖显著位置竖立河长公示牌，标明河长姓名、职务、职责、管护目标、监督电话等内容。全市按河道等级分批设立河长公示牌，已设立河长公示牌 2.9 万余块，涉及河道 34526 条。其中，中心城区及宝山区、嘉定区、松江区、金山区、青浦区、奉贤区等已实现河湖河长公示牌全覆盖。

福建省出台《福建省河长公示牌设置指导意见》，明确省、市、县、乡四级公示牌内容规格、设置点位、更新管护等要求，全省共设立河长公示牌 1.3 万余块，标明了河长职责、河湖概况、管护目标、监督电话等内容，做到统一规范、准确完整。

安徽省已设立 5 万余块河长公示牌。省级在长江、淮河、新安江干流、巢湖已竖立公示牌 23 块，市、县、乡、村级分别设立公示牌 372 块、3109 块、14924 块、32248 块，向社会全面公布河长姓名、管护职责、河长手机、环保热线。

三、相关制度和政策措施到位

全面推行河长制要求省、市、县建立一套完整的制度体系，包括河长会议制度、信息共享制度、督导检查制度、验收制度和考核问责与激励制度等。此外，在河湖管理保护涉及的日常维护、监管、执法以及人员、设备、经费保障等方面逐步完善政策措施。

（一）建立河长会议制度

建立河长会议制度，从组织形式、议事规则、会议内容等进行规范，包括河长会议的出席人员、议事范围、议事规则、决议实施形式等内容。定期或不定期由河长牵头或委托有关负责人组织召开河长制工作会议。主要任务是拟定和审议河长制重大措施，协调解决河湖管理保护中的重点难点问题，指导督促各有关部门认真履职尽责，加强对河长制重要事项落实情况的检查督导。江苏省省委常委会议和省政府常务会议对全面推行河长制工作进行了专题研究，成立省河长制工作领导小组。省政府主要负责同志主持召开全面推行河长制工作电视电话会议，部署全省河长制工作。副总河长主持召开省河长制工作领导小组会议，总结阶段工作成效，分析研判当前形势和存在问题，对全面推行河长制年度目标任务进行再部署、再落实。绍兴市柯桥区扎实推进联席会议实质化运作，以浙东古运河柯桥区段为试点，全面建立了以区、镇、村三级河长和相关职能部门为成员的"河长制"联席会议制度，形成了区级河长牵头负总责、各级河长负责相应区域河段、相关部门负责职能范围内任务的管理格局，定期召开联席会议，定期通报水质状况，及时落实问题整改。

（二）建立信息共享、报送制度

建立信息共享、报送制度，动态跟踪全面推行河长制工作进展，定期通报河湖管理保护情况，及时跟踪河长制进展情况。信息共享制度包括信息公开、信息通报和信息共享等内容。信息公开，主要任务是向社会公开河长名单、河长职责、河湖管理保护情况等，应明确公开的内容、方式、频次等；信息通报，主要任务是通报河长制实施进展、存在的突出问题等，应明确通报的范围、形式、整改要求等；信息共享，主要任务是对河湖水域岸线、水资源、水质、水生态等方面的信息进行共享，应对信息共享的实现途径、范围、流程等作出规定。信息报送制度是需明确河长制工作信息报送主体、程序、范围、频次以及信息主要内容、审核要求等。上海市金山区以"七个一"（即：一份周报、一份通报、一封信、一期简报、一个微信公众号、一组河长联络群、一个河长制平台）为抓手，进一步拓宽信息互通共享渠道。建立工作周报通报制度，由区河长制办公室每周统计各镇（工业区）河道整治的进展，报送至区委、区府督查室，区重大办、环治办以及各镇（工业区）。采用"致河长的一封信"的形式，定期将河道整治情况及时反馈至区第一总河长、总河长、副总河长以及185条整治河道的各级河长。编制工作简报，定期将全区面上河道整治的会议精神、领导调研、典型案例和经验作法进行汇总发布。建立微信公众号，依托新媒体，构建信息互通平台，及时推送和发布全区河道整治动态。组建河长微信工作群，按照河道整治的考核级别，分别组建河长微信工作群，以便河长们第一时间掌握所负责河道的推进落实情况，督促河长履职。建立河长制平台，通过信息化管理系统，高效率推动河长治水、河道治理。

（三）建立督导检查制度

建立督导检查制度，对河长制实施情况和河长履职情况进行督查，明确督查主体、督查对象、督查范围、督查内容、督查组织形式、督查整改、督查结果应用等内容。督导检查内容主要为河湖分级名录确定情况、工作方案制定情况、组织体系建设情况、制度建立和执行情况、河长制主要任务实施情况和整改落实情况，具体督导检查内容可根据督导检查地区河湖管理和保护的实际情况有所侧重。督导检查采取座谈交流、实地查看等方式。福建省河长办制定出台《福建省河长制工作督导检查制度》，建立三级督导机制，综合运用多种形式，分区包片、督导检查，按"一事一单"形成督导报告，下发督促整改；对问题不解决、工作不得力、制度不落实的，进行通报、督办、约谈、问责。苏州市相城区出台《相城区河长制巡查督查实施细则》，明确每项治水任务的办理时限、质量要求、考核指标，确保督查考核有据可依。

（四）建立考核问责与激励机制

建立考核问责与激励机制，考核问责是上级河长对下一级河长、地方党委政府对同级河长制组成部门履职情况进行考核问责，包括考核主体、考核对象、考核程序、考核结果应用、责任追究等内容。考核内容主要是推行河长制的进展情况、六大任务落实情况、推行河长制的成效等。河长制的考核结果作为地方党政领导干部综合考核评价的重要依据，对成绩突出的河长及责任单位进行表彰奖励，对失职失责的要严肃问责。实行生态环境损害责任终身追究制，对造成生态环境损害的，严格按照有关规定追究责任。根据不同河湖存在的主要问题，实行差异化绩效评价考核，将领导干部自然资源资产离任审计结果及整改情况作为考核的重要参考。激励制度主要是通过以奖代补等多种形式，对成绩突出的地区、河长及责任单位进行表彰奖励，明确激励形式、奖励标准等。江苏省河长制考核工作由省级总河长统一领导，实行日常监督考评与年终考核相结合、市级自评与省级考核相结合、部门测评和第三方监测相结合，考核结果作为地方党政领导干部选拔使用、自然资源资产离任审计的重要依据，同时与省级河湖管理、保护、治理补助资金挂钩。苏州市制定《河长制改革工作考核办法》《河长制改革工作激励细则》，围绕河长制建立与运行、任务落实与完成、河长履职与成效、责任部门年度任务完成情况、黑臭水体整治效果等进行考核问效，开展优秀河长评选。

杭州市评选优秀基层河长，通过各地推荐、网络投票、专家评审等环节层层筛选，产生杭州市 2015—2016 年度优秀基层河长共63 名，树立河长履职标杆，明晰河长考核标准；优秀河长提拔重用286 名，其中提拔任用到县区级领导岗位 13 名。丽水市实行"红黄牌"警告制度，把各县（市、区）和部门对省下达的考核量化指标的完成进度全部纳入每月通报范围，对完成进度落后的项目责任单位进行红牌、黄牌警告。实行每周一督查一通报制度，建立每旬约谈问责机制，对工作完成进度连续落后的单位，由市委市政府领导进行约谈。

（五）建立验收制度

建立验收制度，主要任务是定期总结河长制工作开展情况，按照工作方案确定的时间节点，及时对建立河长制进行验收，不符合要求的要一河一单，督促整改落实到位。包括验收的主体、方式、程序、整改落实等。江苏省河长办出台了《江苏省河长制验收办法》（苏河长办〔2017〕13号），明确了验收的程序和要求；印发了《关于做好全面建立河长制省级验收和国家中期评估准备工作的通知》（苏河长办〔2017〕31号），对各地迎接省级验收作了进一步部署；编制了《江苏省全面建立河长制工作省级验收方案》，并由省副总河长审定。浙江省出台了《浙江省河长制建立验收办法》（浙治水办发〔2017〕49号），规定省河长办是验收的实施主体，对各设区市河长办进行验收。

省级层面还积极探索立法创新，一批地方性法规相继施行，为河长制工作提供了强有力的法制保障。

2017年10月1日，浙江省颁布实施《浙江省河长制规定》，这是国内首个省级层面关于河长制的地方性专门法规，为全省5.7万余名河长履职提供了坚实的法律基础。该规定在遵循现有法律法规构建的治水责任体系的前提下，针对河长制实践中亟须法律保障的薄弱环节，对河长制体制机制予以明确，厘清了河长与政府及相关主管部门之间法定职责的关系，明确了浙江省五级河长职责。

上海市积极推进河长制入法，2017年11月，上海市第十四届人大常委会审议通过了《上海市水资源管理若干规定》，将河长制正式纳入其中，落实各级党政领导担任河长治水管水责任，加强水资源保护、水域岸线管理、水污染防治、水环境治理等成为工作重要职责。

福建省加大司法助力，2017年7月，福建省第十二届人大常委会通过《福建省水资源条例》，在全国率先通过立法把河长制从改革实践层面提升到地方法规层面。正在研究制定《福建省河长制工作管理办法》，为河长依法管河治河提供有力的法律依据。

2016年9月，安徽省出台《安徽省饮用水水源环境保护条例》。

2017 年 7 月，安徽省第十二届人大常委会颁布《安徽省湖泊管理保护条例》，强化湖泊管理和保护，并在全国率先将"湖泊实行河长制管理"写入地方性法规。

在全面推行河长制工作中，各地还针对河长履职、部门联动、投诉举报、信息化管理等方面，结合实际工作需要，制定各具特色的工作制度，有力推进了河长制工作的有序开展。

（六）建立协调联动机制

建立协调联动机制，包括区域联动和部门联动。区域联动是指在一定的地域范围内，打破行政区域界限，在市与市之间、县与县之间、乡与乡之间建立跨区域联动机制，统筹上下游、左右岸，追溯污染源头，强化区域合作，确保治理有序高效。部门联动是指地方水利、环保、发改、财政、国土、住建、交通、农业、卫生、林业等部门加强沟通，密切配合，充分发挥部门优势，共同推进河湖管理保护工作。水利部建立部门联动制度，会同环境保护部等相关部委建立了全面推行河长制工作部际协调机制，强化组织指导和监督检查，协调解决重大问题。安徽省建立跨界河流联席会议制度，全省共签订跨界联防联控协议 25 份，覆盖重点敏感水域。湖州市和嘉兴市签订湖州—嘉兴环境友好区域协作意见，建立完善联动执法联席会议、常设联络员、重大案件会商督办制度"三项制度"和案件移送、联合调查、信息共享、奖惩机制"四项机制"，强化与公安部门联动。将乐县、泰宁县联合开展打击工业污染执法行动，对将乐县余坊盈瑞造纸厂业主进行调查取证，随后约谈企业负责人，同时督促余坊乡河长办和专管员重点巡查该河段。清流县灵地镇、林畲乡分别与连城县北团镇、明溪县胡坊镇建立河流水污染联防联控协议，共同应对和处理跨界突发事件及污染纠纷，切实解决跨界流域水环境问题。

（七）建立资金投入机制

建立资金投入机制，加大公共财政投入力度，统筹安排有关专项资金，同时鼓励和吸引社会资金投入，多渠道筹措资金，保障河湖管理保护经费及河长制工作经费的落实。江苏省级财政每年安排专项河道工程维修养护资金 4 亿多元，用于保障工作良性运行和河湖综合效益发挥。安排省骨干河道管护资金 6000 万元、农村河道管护资金 8700 万元，用于河道维修、保洁、巡查等工作。全省各地积极落实河道管理经费，市、县两级财政仅河道管护经费每年投入将近 2 亿多元。同时，加大公共财政投入力度，统筹安排有关专项资金。例如河湖治理资金、退圩（渔）还湖资金、河道长效管护资金等。福建省河长制办公室与兴业银行股份有限公司在福州签订了《加强绿色金融合作全面推进福建省河（湖）长制工作战略合作协议》，双方就水资源保护、水污染防治、水环境改善、水生态修复等重点水利水务领域展开合作，共同呵护国家首个生态文明试验区——福建清水长流。根据协议，兴业银行将在"十三五"期间为福建省河湖长制项目提供不低于 300 亿元的绿色融资，提供绿色基金、绿色债券、绿色租赁、绿色信托等多元金融服务，并予以专项资金优先支持。同时，将全面深化与省河长办的合作，发挥好绿色金融在"稳增长、调结构、惠民生、防风险"中的重要作用，在"融智、融资、融商"等方面完善水治理体系，打造清新福建"绿水"样板，助推全省大生态战略实施，共同打赢水污染防治攻坚战。

（八）建立河长巡查制度

建立河长巡查制度，需明确各级河长定期巡查河湖的要求，确定巡查频次、巡查内容、巡查记录、问题发现、处理方式、监督整改等。浙江省河长办印发了《浙江省河长巡查工作细则》，对省、市、县、乡、村五级河长履职过程的检查、记录、处理、督办、上报、反馈各项工作进行更明确、更具体的规定。要求市级河长巡查不少于每月一次，县级河长不少于半月一次，乡级河长不少于每旬一次，村级河长不少于每周一次，河道保洁员、网格化监管员每天巡查，每次巡查都要做好记录。同时，专门出台了《基层河长巡查工作细则》，进一步明确怎么查、查什么、查到问题怎么处理等，特别是入河排污口要求必查。黄山市徽州区制定了"周四巡河制度"，逢周四河长制成员单位都要开展巡河。云和县下发《关于河长巡查工作的有关要求》，对河长巡查频次、巡查日志等作出具体要求，明确县级河长每月巡查不少于 2 次，乡镇（街道）级河长每月巡查不少于 3 次，村级河长每月巡查不少于 4 次。

（九）建立工作督办制度

建立工作督办制度，须明确对河长制工作中的重大事项、重点任务及群众举报、投诉的焦点、热点问题等进行督办的主体、对象、方式、程序、时限以及督办结果通报等。泉州市河长办建立并印发《泉州市河长制分办督办查办工作制度》，规定市级河长办批示、群众投诉举报、市河长办领导交办等事项，将通过严格的分办、督办、查办要求，进行细化分解，开列任务清单，明确承办单位、工作内容、完成时限。要求承办单位 5 个工作日内完成办理并反馈，对处理情况复杂的 10 个工作日内提出处理方案。明确对办理进度滞后或未在规定时间内办理完毕的，将下发督办通知书进行重点督办并限期整改；对未按期完成整改的应说明具体原因，对未完成整改并未说明缘由的挂牌督办件，将协调相关部门查处，对履职不到位造成不良后果的相关责任人提出问责建议。

（十）建立投诉受理处置机制

建立投诉受理处置机制，分级、分河设置 24 小时畅通电话，建立分级负责的举报投诉、处置反馈制度，确保投诉举报事项得到高效、妥善处置。温州市治水办主动和市政务热线就群众投诉举报涉水问题的受理、交办整改、回头看等流程进行充分的沟通对接，进一步理顺了涉水群众投诉举报件的办理机制。全市实行涉水投诉举报 "12345" 一个号码受理，政务热线平台开通市治水办用户端口，市治水办落实专人负责办理。2017 年共收到涉水投诉件 168 件，是去年同期的 1.5 倍；办理结果满意率为 97.7%，比去年同期提升 21%。

（十一）建立跨省流域生态补偿机制

福建省制定出台了《福建省重点流域生态补偿办法》（闽政〔2015〕4 号），并与广东签署了汀江—韩江流域水环境补偿协议。安徽省在总结完善新安江、大别山区水生态补偿机制的基础上，推进建立跨界水生态补偿机制。黄山市编制新安江生态经济示范区规划，倒逼产业转型，构筑绿色产业体系。新安江是全国首个跨省流域生态补偿机制试点，目前流域总体水质为优并稳定向好，新安江生态系统服务价值评估值246.5亿元，水生态服务价值总量64.5亿元。

（十二）建立生态环境资源与司法审计相结合机制

福建省高级人民法院等11家单位联合出台了《关于加强生态环境资源保护行政执法与刑事司法工作无缝衔接意见》。省检察院会同省河长办下发《关于设立福建省人民检察院驻省河长制办公室检察联络室的意见》（闽检发〔2017〕12号）。全省已设立各级派驻河长办检察联络室85个、派驻检察联络员146名，充分发挥检察联络室（员）深入一线的优势，着力在保障饮用水源安全、消灭城市黑臭水体、小流域源头治理、监管重点排污企业等方面下功夫，开展联合执法28次、督办案件64件。建立河道专管员与水政监察队伍的联动机制，提高了涉河涉水事件的反应速度、执法成效。龙岩市将《龙岩市全面推进河长制实施方案》的执行情况纳入审计重点内容，包括2013—2016年主要流域、集中式水源地及乡镇村饮水水质变化、"三条红线"执行、水环境保护政策法规执行、水环境治理项目、畜禽污染防治、污水及黑臭水体治理等情况。漳州市成立河长制生态环境审判巡回法庭，该法庭主要围绕漳州市河流水资源保护、水岸线管理、水污染防治、水环境治理、水生态修复等任务，依法审理涉水生态环境资源各类案件，加强对涉水资源案件的预防、修复、打击，进一步建立完善与河长制职能发挥相配套的水生态环境司法保护制度，有效减少了水生态环境受到损害和破坏。沙县成立监察委员会驻县河长制办公室联络室，进一步督促推进河长制工作。

四、监督检查到位

强化监督检查是确保全面推行河长制任务落到实处、工作取得实效的重要保障。各地按照工作督查和考核问责与激励制度要求，采取定期督导或不定期抽查暗访、媒体曝光等方式，监督各级河长制任务落实和整改。

（一）河长巡河

各级河长认真履职，主动开展认河、巡河、治河、护河等工作。各地也积极创新工作方式方法，通过配置河长助理、河道主官、联络员等方式，采取"河长令""河长信"等措施，协助河长履职，促进部门联动，推进河长制任务有效落实。江苏省2017年全年省级河长累计巡河16人次，市级河长巡河700余人次，县级河长巡河6000余人次。每位省级河长均配备了双助理，其中1名由领导小组成员单位负责同志担任，1名由省水利厅负责同志担任，各地也为本级河长配备了助理。对河长巡河中发现的问题和群众举报事项，各级河长办及时交办督办。在《新华日报》等媒体开辟"总河长话治水""河长在行动"等专栏，集中对各级河长巡河情况进行宣传报道，有效推进工作落实，产生了良好的社会影响。福建省省级河长2017年先后37次开展巡河，4次召开现场会议，督查指导问题整改，听取下级河长述职，部署相关工作；先后19次就河长制专项工作作出批示，其中总河长9次作出专项批示，仅9—10月连续4次作出批示。在省级河长的高度重视和亲自推动下，市县乡各级河长也积极行动，巡河查河、现场办公、督促推进，共组织召开1500余次河长制工作会议，巡河15万余人次，协调解决问题超过2万个。

（二）督导检查

全面建立河长制要求，一级抓一级开展监督检查，定期对下一级河长制实施情况开展专项督导检查，严格按照有关规定追究责任。浙江省印发《2018年度省治水办（河长办）"四个一"督查实施方案》，围绕国家"水十条"和河长制湖长制考核及年度重点工作任务，实行"一月一提醒、一月一督查、一月一通报、一月一考评"，重点督查完成年度工作目标任务明显滞后的，以及相关的河长制湖长制落实、长效机制和防反弹措施落实等情况，同时对防洪排涝工程项目实施、排污口整治等进行专项督查，并就河道水质断面污染反弹问题约谈当地多位县级、乡级责任河长，调查询问并全程做笔录，推动各级河长积极履职。浙江省计划整合各方督查力量，组织督查组对2018年度"五水共治"（河长制）、"三改一拆"和小城镇环境综合整治等重点工作开展三轮联合督查。上海市河长办印发《2018年度市河长办督查工作方案》，在2017年成立3个督查组的基础上，新增1个督查组，以街镇为单位对各区落实河长制湖长制工作情况开展督导检查，已累计督查73个街镇、163条段河道、18个固废点，形成35份督查报告反馈区里。安徽省河长办4次开展对各市全覆盖督查，针对发现的问题，采取"一市一单"督促整改。省委、省政府督查室开展工作执行情况督查，督促落实省级总河长会议、河长专题会议议定事项。黄山市先后对所有区县和黄山风景区、黄山经开区的河长办工作进行了3次督查，并深入乡镇和村进行走访督查，对督查中发现的问题采取一县（区）一单的方式要求整改。

（三）明察暗访

浙江省河长办2017年开展5轮明察暗访活动，记者随行，采取"三不"（不定时间、不打招呼、不听汇报）、"三直"（直奔现场、直接检查、直接曝光）方式，采集第一手的影像资料。5次明察暗访专项行动累计检查270个县（市、区）、859个乡镇（街道）、3238条河道及小微水体，刊发新闻报道22篇，发现各类问题509个。对检查中发现的问题进行了汇编，向省委、省政府领导专报后交办地方进行整改，整改情况汇编成册，对整改情况进行"回头看"，确保所交办问题整改落实到位。安徽省宣城市2017年先后开展暗访检查4次，接到河长制举报或投诉事项11起，按"一县一单"发出整改意见书，督促各地认真整改。

（四）社会监督

包括聘请社会监督员、建立微信公众平台等对河湖管理保护进行监督和评价。建立河湖管理保护信息发布平台，通过主要媒体向社会公告河长名单，在河湖岸边显著位置竖立河长公示牌，标明河长职责、河湖概况、管护目标、监督电话等内容，接受社会监督。

聘请社会监督员对河湖管理保护效果进行监督和评价，进一步做好宣传舆论引导，提高全社会对河湖保护工作的责任意识和参与意识。福建省通过在省、市、县水利部门门户网站上设置投诉举报信箱，在河长公示牌中公布河长姓名职务、河长职责、整治目标、监督电话等，公布微信公众号，开设群众投诉通道，接受社会各界、广大群众监督。对巡查发现、群众举报的问题，采取"一事一办"，通过交办、督办、查办等，做到事事有人办、件件有落实。闽清县积极发动社会力量关心支持参与河流管理保护，让河长制成为全民共识和自觉行动，先后聘请20名县人大代表作为河长制监督员，分片区指导监督河流管理保护工作，发现问题及时向被监督的乡镇河长提出整改建议、督促抓好落实。2017年由监督员发现提交的问题达22件，有21件转交乡镇河长直接处理，有1件由县河长办牵头协调解决。安徽省聘请社会监督员、"民间河长""五老河长""河湖警长""企业河长""青年河长"等，强化社会监督和各方参与。采取城管热线"随手拍"，推行有奖举报，举办知识竞赛等方式，并借助各类媒体，运用民歌、漫画、动漫片、村规民约等群众喜闻乐见的形式，营造全民参与河湖管理保护的良好氛围。

五、信息化建设

信息化建设是河长制工作中的重要组成部分，中央在全面推行河长制的过程中，不断强调河长制信息化建设的重要性，要求各地建立统一的河湖管理保护信息共享与发布平台，为各级河长决策、部署和公众参与、社会监督提供技术支持。

（一）水利部对于河长制信息化建设相关要求

为进一步推进和规范各地系统建设，加强互联互通，避免重复建设，充分发挥系统应用实效，水利部办公厅印发了《河长制湖长制管理信息系统建设指导意见》《河长制湖长制管理信息系统建设技术指南》。

《河长制湖长制管理信息系统建设指导意见》中明确了河长制湖长制管理信息系统建设的四项基本原则。一是需求导向，功能实用。二是统分结合，各有侧重。三是资源整合，数据共享。四是标准先行，保障安全。

该指导意见确立了三个主要目标。一是管理范围全覆盖。实现省、市、县、乡四级河长湖长对行政区域内所有江河湖泊的管理，并可支持村级河长湖长开展相关工作，做到管理范围全覆盖。二是工作过程全覆盖。满足各级河长办工作人员对信息报送、审核、查看、反馈全过程，以及各级河长湖长和巡河员对涉河湖事件发现到处置全过程的管理需要，做到工作过程全覆盖。三是业务信息全覆盖。实现对河湖名录、"四个到位"要求、基础工作、河长湖长工作支撑、社会监督、河湖管护成效等所有基础和动态信息的管理，做到业务信息全覆盖。

该指导意见提出了四大主要任务。一是建设河长制湖长制管理数据库。在"水利一张图"基础上，建设包括河流、湖泊、河长、湖长、河长办、工作方案和制度、一河一策等信息在内的基础信息数据库，以及包括巡河管理、考核评估、执法监督、日常管理等信息在内的动态信息数据库。二是开发管理业务应用。河长制湖长制管理业务应用至少应包括信息管理、信息服务、巡河管理、事件处理、抽查督导、考核评估、展示发布和移动平台等八个方面。三是编制技术规范。由水利部出台系统相关技术规范，主要包括系统建设技术指南、河流（段）编码规则、河长制湖长制管理数据库表结构与标识符、系统数据访问与服务共享技术规定、系统用户权限管理办法、系统运行维护管理办法等。各地参照执行并根据实际需要制定细则或相关制度。四是完善基础设施。根据系统建设需要，在充分利用现有信息化资源基础上，对网络、计算、存储等基础设施进行完善。按照网络安全等级保护要求，完善系统安全体系，严格用户认证和授权管理。

《河长制湖长制管理信息系统建设技术指南》对全国各级河长制湖长制管理信息系统的设计、建设和运行管理提出了相关技术要求。主要包括信息系统的总体架构，河长制湖长制管理数据库、河长制湖长制管理业务应用、相关业务协同、信息安全等具体技术要求与细则。

（二）太湖流域片河长制信息化建设

江苏省积极推进河湖资源及水利工程管理信息系统建设，服务全省河长制湖长制工作，省河长办微信公众号全面运行，APP 已上线并送达省级河长。推进水利与长江南京航道局、省交通厅港口局等部门的视频资源共享，完成了江苏海事局、常州和仪征等地方视频资源整合。编制了沿秦淮河视频监控系统实施方案，在秦淮河重点节点建筑物、重要河段等点布置了 14 个视频监控摄像头，建设了视频监控平台，并与省水利厅河道视频监控系统对接成功，可实现利用内网通过手机 APP 观看画面，下一步观看画面将覆盖水质监测国考、省考断面和生态补偿断面、重要排污口。

浙江省河长制信息平台已基本建设完成 1 个省级平台和 11 个市级平台，各市级平台通过统一接口同省级平台互联互通。至 2018 年 4 月底，省级平台共接入河长、河道、水质断面等基础数据超过 12 万条，巡河、水质、考核等动态数据超过 950 万条（日均接入动态数据近 4 万条），已基本实现"基础信息在线查询、动态信息在线监测、巡查问题在线处理、河长任务在线督导、河长履职在线考核"等功能，在全国率先实现了河长制湖长制信息化全覆盖，并实现河长履职电子化考核。

浙江省绍兴市在全省率先开发覆盖全市范围的"河长制"APP移动巡查终端系统，全面实现全市河长电子化巡河，巡河记录通过APP 系统实时回传到市、县、镇三级治水办。绍兴市根据《浙江省河长制管理信息化建设导则（试行）》要求，不断完善平台功能模块，相继新开发完善了任务督导、公众投诉处理、河长履职考核等模块。2017 年 10 月，绍兴市治水办（河长办）出台《关于开展绍兴市河长履职电子化考核的通知》，将开展河长电子化考核。

福建省永春县整合一河一档、水质监测、视频监控、地质灾害点、排污口数据、防洪数据等各类数据，开发创建综合信息管理系统，构建三维高清"数字河流"，进行可视化动态管控，实现智能化管河治水。开通河长制微信公众号，设置"随手拍"一键式监督举报功能，搭建线上快速发现、线下快速处置的扫码拍照监督举报途径，实现问题"一键"直达河长，回音"件件"直面群众。

福建省大田县建立流域大数据中心，制作全县河网电子地图，开发三维可视化管理、水质自动预警、水环境投诉处置、无人机巡查等四大系统，在全县 12 个河道断面安装水质监测监控系统，25 台无人机在境内两条主要河流 105 千米河段定期巡河，实现 160 家污染源重点监控企业全覆盖。

六、社会参与

河长制工作成效与人民群众的生产生活密切相关，只有广泛地发动群众参与，营造全社会关爱河湖、珍惜河湖、保护河湖的浓厚氛围，才能真正将河湖管理与保护工作落在实处。

江苏省保护母亲河领导小组、省河长办、省水利厅、团省委联合开展了"保护母亲河 争当河小青"活动，召集青年志愿者参与河湖管理与保护。省委宣传部、团省委、省水利厅在全省范围内开展"太湖杯——寻找身边的河湖卫士"推选活动。各地积极探索设立"党员河长""民间河长""巾帼河长""企业河长""义务监督员"等，组织"志愿者河长"和"党员河长"参与巡河，成立河长制督查团，聘请专家开展河长制督查，充分调动社会力量参与河湖管理与保护。部分地区创新设立河湖警长，组织开展河湖执法巡查和案件查处。

浙江省鼓励社会参与，坚持"党政河长＋民间河长"相结合，以官方河长为主体，民间河长为基石，初步建成一个主体、多个层面参与的社会治理协同创新模式。公安机关推行"河道警长"，为每条河道配置一名警长，为治水保驾护航；共青团组织"河小二"巡河，学校开展"小手拉大手"巡河，在广大青少年中营造护水爱水氛围；妇联成立"巾帼护河队""河嫂"、残联建立"自强志愿者护河队"、村集体倡行"池大爷""塘大妈"守护门前一塘清水；更有"企业河长""乡贤河长""华侨河长"和"洋河长"等社会各界人士，积极参与到治水大军中。通过汇聚各方治水合力、创新治水途径，营造全民治水、共治共享河湖管理与保护的格局。

浙江省绍兴市西小路社区结合实际发起了"聚力五水共治、共建美丽西小路"的倡议，组建了一支56人组成的薪火护河志愿队，志愿者走街串巷、摆摊设点，传唱《西小人家护河歌》，开展以《水资源保护条例》等为主要内容的宣传活动，累计发放宣传册5000余份，组织活动45次，参与人数1000余人。引领他们积极争当治水的宣传者、做好护水的实践者、成为节水的监督者。为改变沿河洗涤和抛洒陋习的现状，率先提出了爱水护水积分制，给沿河居民发放积分绿色账户，宣传"劝导可积分、无不文明行为可积分、兑换可获益"的理念，鼓励引导更多居民参与爱水护水行动。通过以点带面、以面影响片的步骤，呼吁每位居民能从身边做起，从小事做起，极大地激励并凝聚了四面八方的护河力量。

上海市坚持市民评判、社会评价、科学数据评定，邀请第三方机构开展城乡中小河道综合整治公众满意度测评，把市民群众满意作为检验治理工作成效的根本标准，市民群众对河长治水成绩具有"一票否决权"。积极探索建立群众参与工作机制，开展"市民看河道""千名志愿者巡河"等活动，鼓励广大群众关注身边的水环境，让群众全过程参与黑臭河道的筛查、治理和评价。定期向社会公布中小河道的水质监测结果，并通过社会媒体、河道监督员和公示牌等多种方式，全过程、主动接受社会和公众监督。开展"水美上海·河道蜕变"等活动，向社会公布河道整治成果，邀请市民从15条已完成整治的河道中投票选出6条最美河道，近140万人参与投票，全社会"爱水、节水、护水"氛围初步形成。

上海市青浦区充分整合部门资源、市场力量和基层自治经验，着力构建政府主导、市场参与、群众自治相结合的新机制。在已全面实现河道巡查、保洁、养护一体化的基础上，基于青浦东西差异、城乡差异，东部地区外来人口多、当地富余劳动力少，以推行纯粹市场化模式为主，企业完全自主用工。西部地区河道问题相对较少、当地村民就业难度大，以推行市场化加本地用工为主。在赵巷镇中步村等组织能力强、基础条件好的村居，深入开展村民自治试点，探索形成了赵巷中步村"小河长"承包制、华新嵩山村"河管员"划片治理、白鹤南巷"党员先锋队"等一批可推广、可复制的自治管理经验。

福建省河长办与团省委、教育厅、妇联、工商联，联合开展大学生暑期"河小禹"、青少年学生"四个一""巾帼护河""企业家河长"等行动，各市县还聘请环保热心人士、老党员、老同志担任"民间河长""老人河长"、义务河道专管员，为公众参与治水护水拓宽了渠道。在"河小禹"行动中，全省67所高校、110支实践队、1346名志愿者，深入全省84个县（市、区）开展志愿服务。在"企业家河长"等行动中，各地积极响应，仅三明市就有"企业家河长"203名；建宁县12名"企业家河长"，在行使监督工作的同时，每位捐资10万元，作为河道专管员经费。此外，周宁、大田等地聘请环保热心人士、老党员担任"民间河长"、义务河道专管员。福清市组织开展了"水美城市，生态家园，共创文明城"万人巡河清障活动。

福建省永春县积极创新河长制宣传工作，倡导全社会爱河护河。结合河长制工作，融合地方曲艺特色，创作《河长制为民立功劳》《我们都是民间河长》等地方剧目，将"河长制"搬上乡村舞台，在22个乡镇巡回演出，让河长制融入乡村，深入群众。充分发挥各类社会民间组织、团体的作用，成立"老人河长""小河长""巾帼河长"等民间河长队伍，推动全民参与，变"政府治"为"全民治"。

七、考核与验收

开展考核与验收是检验河长制工作的有效手段，必须一级抓一级抓，层层抓落实。要建立科学考核评价体系，结合考核效果进一步完善考核评价内容、创新考核方式，用好考核问效这把"利剑"，才能真正落实中央全面推行河长制的各方面要求。

（一）中央关于河长制工作考核与验收相关要求

中共中央办公厅、国务院办公厅《关于全面推行河长制的意见》要求强化考核问责，根据不同河湖存在的主要问题，实行差异化绩效评价考核，将领导干部自然资源资产离任审计结果及整改情况作为考核的重要参考。县级及以上河长负责组织对相应河湖下一级河长进行考核，考核结果作为地方党政领导干部综合考核评价的重要依据。实行生态环境损害责任终身追究制，对造成生态环境损害的，严格按照有关规定追究责任。

水利部、环境保护部《贯彻落实〈关于全面推行河长制的意见〉实施方案》进一步明确要做到监督检查和考核评估到位，严格考核问责，加强对全面推行河长制工作的监督考核，严格责任追究，确保各项目标有效落实。要求各地建立考核问责与激励制度和验收制度。

（二）太湖流域片各地河长制工作考核与验收

江苏省河长制考核工作由省级总河长统一领导，实行日常监督考评与年终考核相结合、市级自评与省级考核相结合、部门测评和第三方监测相结合，考核结果作为地方党政领导干部选拔使用、自然资源资产离任审计的重要依据，同时与省级河湖管理、保护、治理补助资金挂钩。无锡市河长制领导小组下设检查考核小组，市河长办每年年初下达河长目标任务书，将河流断面水质的监测结果纳入作为河长的各市（县、区）党政主要负责人政绩考核内容，建立情况月报制度、工作督查制度、曝光整改等制度，采用定期检查与抽查、全面检查与专项检查等方式监督河长履职情况，对存在问题发限期整改通知书，及时通报考核得分和排名情况，强化河长第一责任。

浙江省按照属地为主、分级管理的原则，落实各级党委、政府统抓统管责任，逐级对每位河长进行履职考核，考核结果作为党政领导干部综合考核评价的重要依据，并将河长制落实情况纳入省"五水共治"、平安浙江、美丽浙江建设和最严格水资源管理制度等考核。省级与各市签订责任书，实行月度通报机制，对年底考核优秀的市县颁发"大禹鼎"，确保河长制任务落到实处。温州市出台浙江省首个治水责任追究办法——《温州市河道整治及长效管理责任追究暂行办法》，河长履职情况与个人年度考核、单位目标管理责任制考核、职务任免等挂钩。嘉兴市市、县、镇河长办实行同级河长年度履职考评制度，结合"河长"保证金制度制定河长考评办法，依据年度考核结果实行奖罚，考核结果在一定范围内进行通报。

上海市将全面建立河长制和城乡中小河道综合整治纳入 2017 年市管党政领导班子绩效考核、纳入市委市政府 2017 年重点督查事项，在市河长办督查基础上，市委督查室、市政府督查室以及市建设交通工作党委多次对河长履职情况进行督导检查，对工作进展滞后的区进行督办。将指标考核与工作考核相结合，发挥考核"指挥棒"效应，激励和督促各区加强河长制工作推进力度。每月召开河长办工作例会，连续 2 次排名末位的区要表态发言，连续多次排名末位的区要进行约谈直至追责。同时，市河长办还编发了《城乡中小河道综合整治工作简报》，对各区推进落实河长制工作及开展城乡中小河道综合整治工作进展情况进行排名通报，营造"比学赶超"的氛围。对进度滞后的区进行点名，让河长"红红脸""出出汗"。

福建省出台《福建省河长制工作考核制度》，印发《2017 年度福建省河长制工作考核实施方案》，明确了考核指标和评分细则，将河长制考核评价纳入 9 市 1 区效能考核，由省河长办组织考核，考核结果与"面子""票子""帽子"挂钩，对工作不力、失职的河长和有关人员，实行通报、约谈和处分。福建省泉州市实行"四不两直"月考评制度。2016 年 7 月以来，采取"不发通知、不打招呼、不听汇报、不用陪同接待，直奔基层、直插现场"的方式，对各县（市、区）河长制工作落实情况进行"月考评、月评分、月通报"，实现考评结果公开化、整改落实常态化。在此基础上，强化考评结果运用，安排专项资金对考核优良的县（市、区）采取以奖促治的形式进行奖励，2016 年下达奖励资金 350 万元。

安徽省将河长制工作情况纳入各市政府目标管理考核内容。省市县各级按照验收考核办法，细化验收方案，严格对照水利部、环境保护部"四个到位"的要求，相继开展了河长制年度工作的验收考核。省委、省政府督查室开展工作执行情况督查，督促落实省级总河长会议、河长专题会议议定事项，省委全面深化改革领导小组办公室会同省河长办开展督查行动。各地也开展了多种形式的督查暗访，还发挥组织、审计和宣传等多个部门的作用，明察暗访河湖问题，采取媒体现场曝光、将问题直接通报河长等多种形式，监督河长履职，推动河长制工作取得实效。

▶ 第四节 河 湖 治 理 ◀

一、"一河（湖）一档"

（一）水利部有关要求

"一河（湖）一档"包括河流的自然属性、水质、水生态等众多信息，是河长制湖长制工作的基础支撑。水利部办公厅 2017 年 8 月印发的《河长制近期重点工作提示》中要求各地抓紧摸清本地河湖底数，启动"一河（湖）一档"建设。

2018 年 4 月，水利部办公厅印发《"一河（湖）一档"建立指南（试行）》，供各地建立"一河（湖）一档"时参考。该指南明确了适用范围、建档对象和建档主体。适用于指导设省级、市级、县级河（湖）长的河湖建立"一河（湖）一档"，只设乡级河（湖）长的河湖的"一河（湖）一档"根据各地需要参照建立，可适当简化。"一河一档"以整条河流或河段为单元建立，河段"一河一档"要与整条河流"一河一档"相衔接。"一湖一档"以整个湖泊为单元建立。"一河一档"由省、市、县级河长制办公室负责组织建立。最高层级河长为省级领导的河流（段），由省级河长制办公室负责组织建立；最高层级河长为市级领导的河流（段），由市级河长制办公室负责组织建立；最高层级河长为县级及以下领导的河流（段），由县级河长制办公室负责组织建立。在一省范围内的湖泊，"一湖一档"由最高层级湖长相应的河长制办公室负责组织建立。跨省级行政区域的湖泊，"一湖一档"由湖泊水域面积相对较大的省份牵头，商相关省份组织建立，流域管理机构要参与协调工作。

该指南明确了"一河（湖）一档"的主要内容，主要包括基础信息和动态信息。基础信息包括河湖自然属性、河（湖）长信息等；动态信息包括取用水、排污、河湖水质、水生态、岸线开发利用、河道利用、涉水工程和设施等。要求"一河（湖）一档"各类信息的收集、整理以现有成果为基础，信息来源包括规划与普查、公报及统计数据、各级河长制办公室补充调查数据、相关系统接入数据、其他公开数据等。有关数据应注意保持动态更新。信息填报要按照"先易后难、先简后全"的原则分阶段建立。近期，抓紧完成"一河（湖）一档"基础信息，重点收集填报河流（段）湖泊自然属性、各级河长湖长基本信息、临河临湖与跨河跨湖涉水工程信息等，兼顾已有或易获取的动态信息；有条件的地区，可同步布置安排动态信息的收集整理与填报，逐步建立完整的"一河（湖）一档"。各地可结合不同河流湖泊的实际，因地制宜适当增加或减少"一河（湖）一档"相关信息。

（二）太湖流域片"一河一档"建立

太湖流域片各地在全面推行河长制过程中，已相继开展"一河（湖）一档"建立工作，部分地区的部分河湖已建立"一河（湖）一档"。

福建省各地在编制河流"一河一策"过程中，同步开展河流本底情况摸查，建立"一河一档"台账信息，将其作为"一河一策"的组成部分。比如南平市光泽县富屯溪流域的河流台账信息包括河流自然状况、河长基本信息、社会经济状况、水资源状况、水域岸线管理保护状况、水污染状况、水环境状况、水生态状况、河流管护状况、相关规划情况等十个方面。

河流自然状况包括地理位置和水系特征，并配以河流（段）单元划分表、基本信息表以及水系图等，详见表2-1、表2-2。

表2-1　　　　　　　　河流（段）单元划分表

县（市、区）	河流（段）单元名称	河流名称					流域面积/km²
		干流	1级	2级	3级	4级	

表 2 - 2   **河流基本信息一览表**

序号	河流（段）名称	河流编码	行政区划代码	上级河流名称	上级河流编码	所在水系名称	河流基本信息			河流跨界情况		
							河段长度/km	流域（区间）面积/km²	多年平均年降水量/mm	上游界县（市、区）级行政区	下游界县（市、区）级行政区	跨本县（市、区）级行政区乡镇数量/个

河长基本信息包括河流起讫点、经纬度坐标、河长姓名、联系方式等内容，详见表 2 - 3。

表 2 - 3   **河 长 信 息 表**

序号	河流名称	河流编码	县级行政区名称	河 长 信 息							
				河流起点名称	经纬度坐标	河流讫点名称	经纬度坐标	河流长度/km	河长姓名	职务	联系方式

水资源状况包括水功能区及水质现状、水资源开发利用现状、取水口与水源地保护等情况，详见表 2 - 4 至表 2 - 7。

表 2 - 4   **水 资 源 量 一 览 表**

序号	河流（段）所在县级行政区	行政区划代码	行政区面积/km²	多年平均降水量/mm	多年平均径流深/mm	地表水资源量/亿 m³	地下水资源量/亿 m³	总水资源量/亿 m³	备注

表 2 - 5   **供 水 量 一 览 表**

序号	河流（段）名称	河流编码	行政区划代码	取水口位置	经纬度坐标	取水单位	水源类型	取水量/(万 m³/d)	供水对象	水质是否达标	备注

表 2 - 6   **用 水 量 一 览 表**

序号	河流（段）所在县级行政区	行政区划代码	城镇生活用水量/万 m³	农村生活用水量/万 m³	工业用水量/万 m³	农田灌溉用水量/万 m³	林牧渔用水量/万 m³	生态环境用水量/万 m³	总用水量/万 m³	备注

表 2 - 7   水 源 地 一 览 表

序号	河流（段）名称	河流编码	行政区划代码	水源地名称	一级保护区范围	二级保护区范围	政府批复文号	备注

水域岸线管理保护状况包括河流管理范围划定、岸线分区管理与保护等情况，详见表 2 - 8 至表 2 - 10。

表 2 - 8   水域岸线被侵占情况一览表

序号	河流（段）名称	河流编码	行政区划代码	岸线被侵占位置	被侵占长度/km/面积/km²	被侵占情况	备注

表 2 - 9   水文站点信息一览表

序号	河流（段）名称	河流编码	行政区划代码	水文站名称	水文站编码	水文站位置〔县（市、区）、乡镇〕	经纬度坐标	建成时间	水文站相关介绍	水文站管理单位

表 2 - 10   涉 河 工 程 一 览 表

一、水库

序号	水库名称	水库编码	位置〔县（市、区）、乡镇〕	坝址经纬度坐标	建成时间	坝址控制流域面积/km²	坝址多年平均径流量/万 m³	水库调节性能	总库容/万 m³	最小下泄流量/(m³/s)	水库管理单位

二、水电站

序号	水电站名称	水电站编码	位置〔县（市、区）、乡镇〕	坝址经纬度坐标	建成时间	水电站类型	装机容量/万 kW	最小下泄生态流量/(m³/s)	水电站管理单位

三、泵站

序号	泵站名称	位置〔县（市、区）、乡镇〕	泵站经纬度坐标	建成时间	泵站相关介绍	泵站管理单位

四、水闸

序号	水闸名称	位置〔县（市、区）、乡镇〕	水闸经纬度坐标	建成时间	水闸类型	所在灌区名称	闸孔数量	闸孔总宽/m	水闸管理单位

五、拦河坝（堰）

序号	拦河坝名称	位置〔县（市、区）、乡镇〕	坝址经纬度坐标	建成时间	拦河坝类型	所在灌区名称	坝长/m	服务类型（灌溉、景观、其他）

六、防洪堤

序号	防洪堤名称	地理位置〔县（市、区）、乡镇〕	防洪堤左岸总长/km	左岸防洪标准	防洪堤右岸总长/km	右岸防洪标准	建成时间	防洪堤类型（浆砌石、干砌石等）	建设单位	管理单位

七、护岸

序号	护岸名称	地理位置〔县（市、区）、乡镇〕	护岸左岸总长/km	左岸护岸类型	护岸右岸总长/km	右岸护岸类型	建成时间	防护对象	建设单位	管理单位

八、其他涉河设施

序号	设施名称	地理位置	经纬度坐标	管理单位	相关介绍

水污染状况包括城镇生活污染、工业污染、农业农村面源污染、规模化畜禽养殖污染、入河排污口、其他水污染等情况，详见表2-11至表2-19。

水环境状况包括河流水质监控断面、"四乱现象"（乱占乱建、乱排乱倒、乱采砂、乱截流）等情况，详见表2-20至表2-22。

入河排污口一览表

表 2－11

序号	河流（段）名称	河流编码	入河排污口名称	所属排污单位名称	排污口位置（经纬度）	入河排放方式	污水性质	污水排放方式	是否开展监测	入河排污口规模	是否批准或登记	污水排放量/（万t/a）	主要污染物浓度/(mg/L) 化学需氧量	氨氮	总氮	总磷	其他	主要污染物排放量/(t/a) 化学需氧量	氨氮	总氮	总磷	其他

污水处理厂（站）一览表

表 2－12

序号	河流（段）名称	河流编码	污水处理厂名称	法定代表人	排污口位置（经纬度）	污水排放方式	是否开展在线监测	处理规模 设计规模/（万t/d）	污水实际处理量/（万t/d）	污水排放量/（万t/a）	主要污染物浓度/(mg/L) 化学需氧量	氨氮	总氮	总磷	其他	主要污染物排放量/(t/a) 化学需氧量	氨氮	总氮	总磷	其他

垃圾处理厂一览表

表 2－13

序号	河流（段）名称	河流编码	垃圾处理厂名称	法定代表人	排污口位置（经纬度）	垃圾处理方式	垃圾处理规模 设计规模/（万t/d）	实际处理量/（万t/a）	污水排放方式	污水排放量/（万t/a）	是否开展在线监测	主要污染物浓度/(mg/L) 化学需氧量	氨氮	总氮	总磷	其他	主要污染物排放量/(t/a) 化学需氧量	氨氮	总氮	总磷	其他

表 2 - 14 乡镇及农村人口情况一览表

序号	河流（段）名称	河流编码	所涉乡（镇）级行政区	乡镇区常住人口	农村常住人口	总人口	备注

表 2 - 15 农业面源污染物（规模化养殖场）情况一览表

序号	河流（段）名称	河流编码	养殖场名称	业主姓名	是否属于禁建、禁养区	地理位置（经纬度）	养殖种类	存栏量	是否达标排放	是否零排放	是否建设生态循环农业模式	备注

表 2 - 16 农业面源污染物（化肥、农药）情况一览表

序号	河流（段）名称	河流编码	乡镇	乡镇农户总数/户	旱地面积亩	水田总面积/亩	经济林总面积/亩	化肥施用量（折纯，公斤）	农药施用量（折纯，公斤）	备注

表 2 - 17 工业集聚区信息表

序号	河流（段）名称	河流编码	行政区划代码	工业集聚区名称	工业集聚区级别（国家/省/地方）	主导行业	排污口位置（经纬度）	入园工业企业个数	是否按规定建成工业污水集中处理设施	污水集中处理设施名称	污水处理主体工艺	处理规模/（万t/d）	排污去向（受纳水体）	执行标准	是否安装自动在线监控装置	在线监测指标	是否已与环保部门平台联网	联网平台名称	备注

表 2-18 重点污染源名录表

序号	河流（段）名称	河流编码	重点污染源名称	排污口位置（经纬度）	主要污染物	责任人	联系方式	管理单位	备注

表 2-19 较大以上环境风险企业名录表

序号	河流（段）名称	河流编码	行政区划代码	环境风险企业名称	环境风险等级	行业类别	地理位置（经纬度）	主要风险单元	主要风险物质	主要风险隐患	企业负责人	联系方式	属地监管主体	备注

表 2-20 水质监测站点基本信息表

河流信息				站点信息								责任归属 县级（乡级）			监测断面类别（属于该类别的打钩√，可多选）														
序号	河流（段）名称	河流（段）编码	行政区划代码	监测断面名称	监测断面经度	监测断面纬度	监测单位	监测频次	是否自动监测	水质目标（类别）	水质现状（类别）	职务	姓名	河长	环保监测									水利监测					其他
															国家考核断面	省级考核断面	市级考核断面	县级交接水断面（含设区市交接断面）	乡级交接断面	主要河流湖库交接断面	市级水源地水质监测断面	县级水源地水质监测断面	乡镇水源地水质监测断面	省级市级以上水功能区监测断面	小流域水源地水质监测断面	乡镇级水源地水质监测断面	湖库水源地水质监测断面	其他部门监测断面

表 2－21 黑 臭 水 体 现 状 表

序号	河流（段）名称	河流编码	县（市、区）级行政区名称	行政区划代码	黑臭水体名称	黑臭水体长度/km	黑臭等级	整治进展	备注

表 2－22 水功能区水质现状一览表

序号	河流（段）名称	一级水功能区名称	二级水功能区名称	设区市行政区	县（市、区）级行政区	起始断面	经纬度坐标	终止断面	经纬度坐标	河长/km	面积/km²	功能排序	水质保护目标	水质现状类别

水生态状况包括水源涵养、水土流失、河流连通性（阻隔）、河流生态基流、水生态敏感区、水利风景区、采砂、水生态监控、生态补偿机制等情况，详见表2－23至表2－26。

表 2－23 水 土 流 失 现 状 表

序号	河流（段）所在县级行政区	行政区划代码	土地面积/km²	水土流失面积/km²	流失率/%	轻度/km²	中度/km²	强烈/km²	极强烈/km²	剧烈/km²	备注

表 2－24 主要断面（或湖库）生态流量现状表

序号	河流（段）名称	河流编码	行政区划代码	断面（或湖库）名称	经度	纬度	年均天然径流量/亿 m³	生态流量/(m³/s)	是否设置生态流量设施	是否设置生态流量自动监控设施	备注

表 2－25 采 砂 状 况 一 览 表

序号	河流（段）名称	采砂点名称	采砂点位置	经纬度坐标	许可期限	许可采砂量	采砂现状	备注

表 2－26 河流（段）涉及的水生态敏感区情况表

序号	类别	名称	地理位置	涉及河流（段）	管理单位	备注

河流管护状况包括河流管护设施配置、河流监测设施、涉河工程建设等情况。相关规划情况包括主体功能区划、生态功能区划、城镇总体规划、流域综合规划等规划情况。

光泽县对所有调查信息进行整理分析，统一成表成册，形成了本地区河流的"一河一档"。通过"一河一档"的建立，各级河长进一步加深了对河长制工作的认识，摸清了本区域河流本底，准确把握存在的主要问题，研究形成问题清单、目标清单、任务清单、措施清单、责任清单、实施计划安排表等，有针对性地开展河流系统治理和保护。

问题清单主要内容包括问题类别、问题名称、所在位置、问题描述、影响范围以及主要原因等，详见表 2 - 27。

表 2 - 27　　　　　　　　河流（段）问题清单

序号	河流（段）名称	河流编码	问题类别	问题名称	所在位置	问题描述	影响范围	主要原因	备注

目标清单分为总体目标和分年度目标，详见表 2 - 28。

表 2 - 28　　　　　　　　河流（段）目标清单

序号	河流（段）名称	总体目标			分年度目标				备注
		指标项	指标值		2017 年度	2018 年度	2019 年度	2020 年度	
			现状	预期					

任务清单主要包括任务内容、任务类型、分年度任务等，详见表 2 - 29。

表 2 - 29　　　　　　　　河流（段）任务清单

序号	河流（段）名称	任务名称	主要任务内容	任务类型	范围/位置	分年度任务				备注
						2017 年度	2018 年度	2019 年度	2020 年度	

措施清单主要包括措施类型、措施内容、针对的问题、目的效果等，详见表2-30。

表2-30　　　　　　河流（段）措施清单

序号	河流（段）名称	措施名称	措施类型	范围/位置	措施内容	针对的问题	目的效果	备注

责任清单明确了牵头部门、配合部门以及监督主体的责任人、责任事项等，详见表2-31。

表2-31　　　　　　河流（段）责任清单

序号	河流（段）名称	措施名称	措施内容	责任分工							备注
				牵头部门			配合部门		监督主体		
				部门名称	责任人	责任事项	部门名称	责任人	责任事项	监督部门/责任人	监督责任	

实施计划安排表明确了各项工作的起止时间、重点环节、预期成效等，详见表2-32。

表2-32　　　　　　实施计划安排表

序号	河流（段）名称	措施名称	位置	主要措施内容	实施安排			责任部门		预期成效	备注
					开始时间	结束时间	重点环节说明	牵头部门	配合部门		

二、"一河（湖）一策"

中共中央办公厅、国务院办公厅《关于全面推行河长制的意见》明确提出要"坚持问题导向、因地制宜。立足不同地区不同河湖实际，统筹上下游、左右岸，实行'一河一策''一湖一策'，解决好河湖管理保护的突出问题"。水利部于2017年9月印发《"一河（湖）一策"方案编制指南（试行）》，水利部太湖流域管理局结合太湖流域片河长制阶段工作重点，于2017年6月出台《太湖流域片河长制"一河一策"编制指南（试行）》，为流域片各地科学编制一河（湖）一策提供更加具体的技术指导。

（一）太湖流域片"一河（湖）一策"编制要求

《太湖流域片河长制"一河一策"编制指南（试行）》要求"一河（湖）一策"编制应贯彻中央文件精神，落实省、市、县各级河长制实施方案的要求，多部门协作联动，加强河湖现状调查研究和问题分析，统筹兼顾管理保护目标，并纳入河长制工作考核。

"一河（湖）一策"编制，应贯彻《关于全面推行河长制的意见》《水利部 环境保护部贯彻落实〈关于全面推行河长制的意见〉实施方案》以及《关于推进太湖流域片率先全面建立河长制的指导意见》等文件精神，落实省、市、县各级全面推行河长制实施方案的要求。应突出多部门协作联动，加强协同治理与保护。统筹协调所在河流的上下游、左右岸、干支流、水上与岸边、保护与发展的关系，坚持问题导向和源头控制，按照因地制宜、因河施策、突出重点、切实可行的原则，分析河湖管理保护存在的问题，提出目标，明确任务与措施。应加强现状调查研究，充分利用已有规划和有关研究成果，强化规划约束，广泛听取各方意见和要求，提倡公众参与。应统筹兼顾管理保护目标，点、面治理，人工治理与自然修复，河湖防洪除涝、供水、航运和景观等功能要求。工程与非工程措施应符合国家、行业及地区现行有关标准、规程、规范和政策的规定，并积极鼓励有条件的地方不断创新、提高。应纳入河长制的考核，重点考核是否编制"一河（湖）一策"，以及"一河（湖）一策"成果质量。应做好组织、技术、经费保障。"一河（湖）一策"审查，可根据实际由地方政府或委托相关部门、专业机构开展；"一河（湖）一策"综合治理项目依基本建设等规定按程序报批后实施。

"一河（湖）一策"原则上以河流为单元进行编制。平原骨干河道、山丘区河道、独流入海河道宜编制"一河一策"，湖泊宜编制"一湖一策"，平原河网小河道、小微水体可编制"一片一策"（采用分片打捆、实施网格化治理与管理）。由各级河长办负责组织

"一河（湖）一策"编制工作，上级河长、河长办应重点指导、协调跨行政区河湖及下一级支流的重要河湖"一河（湖）一策"编制。流域管理机构加强对跨省级行政区和入太湖重要河道的"一河一策"编制的协调、指导和监督。各地可结合自身实际，采取自上而下、自下而上、上下联动等多种方式开展"一河（湖）一策"编制。现状年以最近一年为宜。近期水平年以2017—2020年为宜，远期水平年以不超出2030年为宜。

编制的依据主要有现行的法律法规和规章，如《中华人民共和国水法》《中华人民共和国防洪法》《中华人民共和国水污染防治法》《中华人民共和国环境保护法》《中华人民共和国水土保持法》等；重要政策文件，如实行最严格水资源管理制度的意见、水污染防治行动计划等；相关规划，国家层面、流域层面的规划、地方的总体规划和相关行业规划；有关规程、规范和标准等。

编制的主要要求，一是建立"一河（湖）一档"。主要包括"一河（湖）一策"现状档案、"一河（湖）一策"方案和动态实施跟踪等。二是明确治理保护目标。坚持远近结合，突出近期。区分轻重缓急，合理确定"一河（湖）一策"总体目标和分阶段治理保护目标。治理保护目标应满足国家、地区有关控制指标要求，与流域开发、利用、治理、保护与管理的总体目标相协调，并以近期为重点。三是注重分类施策。坚持问题导向、因河施策。统筹考虑河湖的防洪、排涝、供水、生态、航运、景观、休闲、旅游等多种功能，针对山丘区河道、平原河网、农村河湖、城区河湖、黑臭河道和劣Ⅴ类水体等分类提出治理保护方案。四是推进长效管护。坚持治管并重，突出长效。落实管护机构、人员、经费，加强河湖巡查、维护，强化河湖日常监督监测，充分利用信息化手段提高河湖监管效率；加强水污染物从产生、处理到排放等各环节的执法监管，从源头控制水体污染，坚决遏制违法排污和侵占河湖现象；建立健全经常化、制度化、标准化的河湖长效管护机制。五是确保责任落实。坚持责任明晰、措施落地。要按照党政领导、部门联动的要求，明确属地责任，落实部门分工，明晰措施执行的责任人与责任单位，做到可监测、可监督、可考核，确保各项措施落地。六是规范成果形式，提出"一河一策"编制提纲、现状档案表（见表2-33）、治理保护措施表（见表2-34）、近期重点项目推进计划表（见表2-35）、近期重点项目作战图等。各地可按行政区汇总形成省（市、县）"一河（湖）一策"。

表 2-33　　　　　××河"一河一策"现状档案表范例

一、基本信息					
名称		等级		流域面积	
所在区域		长度（面积）		起止位置	
河（湖）长姓名	（姓名职务联系电话）				
流经区域及其社会经济状况					
水文特征	多年平均降雨量			多年平均年径流量	
河湖特征	（可包括河湖类型、汇水区、干支流状况等）				
洪涝旱灾害特征					
河湖治理情况					

二、现状情况			
水域岸线管理	河道蓝线		
	河湖管理范围		
	岸线功能区划分		
水源地保护	水源地名称	一级保护范围	二级保护范围

水功能区划	一级水功能区划		起止位置		长度	水质目标
	二级水功能区划		起止位置		长度	水质目标

水质监测	监测位置	水质目标	监测时间	主要指标	水质类别	主要超标项目及超标倍数

取水口	名称	位置	类型	取水量	供水对象	水质是否达标

入河排污口	名称	位置	类型	排污量	污染来源	排放是否达标

污染源	工业污染情况	
	城镇生活污染情况	
	禽畜养殖情况	
	农业面源污染情况	
	农村生活垃圾情况	
	水产养殖情况	
	船舶码头污染控制情况	
水环境	黑臭水体情况	
	劣 V 类水体情况	

	生态需水	河道断面/湖泊名称	生态流量/生态水位
水生态	水生动植物情况	代表性水生植物	
		代表性鱼类	
		代表性底栖生物	
		代表性水鸟	
	水系连通性情况		
	其他		
水工程设施	水文站		
	水质监测站		
	水库		
	水电站		
	水闸		
	泵站		
	拦水坝（堰）		
	堤防		
	护岸		
	其他		
涉水项目及活动	沿河（湖）建筑物		
	跨河（湖）建筑物		
	穿河（湖）建筑物		
	航运情况		
	采砂情况		
	其他		

三、主要存在问题

在现状调查的基础上，简要分析河湖在水资源保护、水域岸线管理保护、水污染防治、水环境治理、水生态修复、执法监管等方面存在的主要问题（根据河湖实际，问题分析应有所侧重，并与治理保护目标、任务与措施相结合）。

表 2 - 34　　　　　　××河 "一河一策" 治理保护措施表范例

治理保护目标：简述××河治理保护目标。

任务大类	项目类别	序号	项目名称	省	市	县	措施内容	实施期限		实施难点	投资估算/万元	责任部门	备注
								近期	远期				
一、水资源保护	水资源消耗总量和强度双控制												
	水功能区限制纳污管理												
	上游源水区和水源地保护												
二、河湖水域岸线管理保护	河湖水域空间管控												
	河湖水域岸线保护												
	入河排污口治理												
三、水污染防治	工业污染治理												
	城镇生活污染治理												
	面源污染治理												
	内源污染治理												
四、水环境治理	黑臭水体治理												
	河湖环境提升												
五、水生态修复	水生生物资源养护												
	河湖连通												
	河湖清淤												
	水土流失治理												
六、执法监管	执法机制建设												
	监管能力建设												
七、长效管护													
八、其他任务													

表 2-35　××河"一河一策"近期重点项目推进计划表范例

序号	项目名称	措施内容	责任部门	实施单位	实施计划安排			
					2017 年	2018 年	2019 年	2020 年
1	项目 1							
2	项目 2							
3								

　　河湖现状调查应充分利用已有资料成果，根据"一河（湖）一策"编制工作需要，适当开展补充调查。河湖基本情况包括河湖名称、等级、长度（面积）、起讫位置、流域面积、流经区域、水功能区划、治理情况、地理位置、地形地貌、水文特征、社会经济、河长设置等。水资源保护重点调查和分析最严格水资源管理制度落实、取排水、用水效率问题，入河排污口监管、上游源水区和水源地保护等方面存在的问题。水域岸线管理保护重点调查和分析水域岸线管理、利用等方面存在的问题。湖泊应重点分析围湖造地、侵占水域等问题。水污染重点调查和分析入河排污口，工业、生活、农业面源污染以及围网养殖、船舶内源污染等方面存在的问题。水环境重点调查和分析断头浜、淤积、垃圾、沉船、黑臭水体、劣Ⅴ类水体、农村河湖生活污水、生活垃圾乱排乱倒、集中处理不到位等问题，以及湖泊水质恶化、富营养化趋势和自净能力降低等问题。水生态重点调查和分析生态基流（水位）保障、河道渠化硬化、河口湿地退化萎缩，水生生物种群数量减少、水系连通性和流动性、水土流失等问题，以及湖泊面积萎缩、自然湖岸湿地功能退化、水生生物减少和生态系统受损等问题。执法监管重点调查和分析执法机制、执法能力、执法队伍、监管手段等方面存在的问题。长效管理重点调查和分析河湖长效管护机制方面存在的问题。

　　"一河（湖）一策"治理保护目标须遵循和服从上位规划目标，强化规划的指导和约束作用。控制指标重点选取河湖取用水总量控制、河湖纳污限排总量控制、主要控制断面和交界断面水质达标或改善、水功能区水质达标、地表水考核断面水质、饮用水水源地水质达标、河道管理范围划界确权、入河排污口达标、河湖周边农村生活污水和垃圾处置、河湖生态流量（水位）、连通性、水土流失治理等。水资源保护目标可包括水资源开发利用、用水效率和水功能区限制纳污"三条红线"管理指标（有条件的地区应按照上位规划分解确定河湖水域纳污总量），控制断面水质目标，水功能区水质达标，饮用水水源地水质目标，饮用水水源地安全保障要求等。水域岸线管理保护目标可包括河湖管理范围划界确权，河湖水域岸线管理控制要求，新增水域面积、退渔（退田）还湖、涉水违法违章建筑物拆除等。水污染防治目标可包括污染物入河湖总量控制要求，废污水达标排放率，严格入河排污口审批，排污口减排要求，点源、面源和内源控制要求等。点源、面源和内源污染具体目标可包括污染水体企业整治，污水处理厂建设，截污纳管建设，农村生活污水、生活垃圾处理，农业面源污染治理，畜禽养殖污染防治，围网养殖面积控制，船舶含油污水、垃圾处理。水环境治理目标可包括水质监控断面水质改善要求，重要河湖水功能区水质达标要求，黑臭河道、劣V类水体治理目标。水生态修复目标可包括重要河湖生态基流和生态需水保证要求，区域河网连通性、水体流动性、生物多样性要求，生态河道建设，生态清洁型小流域建设，水土流失综合治理面积和预防保护面积等。执法监管目标可包括执法机制、队伍建设、监测能力建设和信息化监管目标等。机制建设目标可包括长效管护体制机制建设，以及市场化、标准化、社会化等创新有关要求。

　　水资源保护主要任务与措施包括落实最严格水资源管理制度，严守水资源开发利用控制、用水效率控制、水功能区限制纳污三条红线；实行水资源消耗总量和强度双控行动，强化水资源承载能力刚性约束；加强入河排污口监督管理；突出流域片上游源水区和水源地保护。分水资源消耗总量和强度双控、水功能区限制纳污管理、上游源水区和水源地保护三个方面具体内容。河湖水域岸线管理保护主要任务与措施包括加强河湖水域空间管控，依法划定河湖管理范围。强化岸线保护和节约集约利用，编制岸线利用管理规划，科学划分岸线功能分区，严格岸线管理保护。分河湖水域空间管控、河湖水域岸线保护两方面具体内容。水污染防治主要任务与措施包括，在排查入河排污口、岸上污染源的基础上，分别提出入河排污口、工业污染、城镇生活污染、面源污染、内源污染等治理任务与措施。分入河排污口整治、工业污染治理、城镇生活污染治理、面源污染治理、内源污染治理五方面具体内容。水环境治理主要任务与措施包括加大黑臭水体治理力度，因地制宜建设亲水生态岸线，实现河湖环境整洁优美、水清岸绿。分黑臭水体治理、河湖环境提升两方面具体内容。水生态修复主要任务与措施包括推进河湖生态修复和保护，加强水生生物资源养护，制定河湖连通、河湖清淤方案，提高水体自净能力，开展水土流失治理。分水生生物资源养护、河湖连通、河湖清淤、水土流失治理四方面具体内容。执法监管治理主要任务与措施包括建立健全法规制度，加大河湖管理保护监管力度，建立健全联合执法机制，强化监管能力建设。分执法机制建设、监管能力建设两方面内容。长效管护主要任务与措施包括创新管理体制机制，制定完善河湖管理制度和管护标准，建立政府主导、部门分工协作、社会力量参与的河湖管护体制机制。明确管护责任主体、职责，充实管护人员，加大资金投入，推广政府购买服务，通过市场竞争选择优质企业，实现河湖管护市场化、全覆盖，严格考核，推进河湖管理标准化；加强日常巡查和管理信息化，实现河湖常态监管。

（二）流域片各地编制"一河（湖）一策"

江苏省河长办先后印发《关于开展"一河一策"行动计划编制工作的通知》（苏河长办〔2017〕4号）、《关于印发〈江苏省河长制"一河一策"行动计划编制指南〉的通知》（苏河长办〔2017〕6号）、《省水利厅关于下发市级领导担任河长名录意见的通知》等文件，统一部署全省开展"一河一策"行动计划编制。完成省级领导担任河长的26条河湖"一河一策"的编制，经省级河长同意后，省河长办已发文部署各设区市制定26条河湖的2018—2020年重点治理项目实施方案。

苏州市根据水利部太湖流域管理局、江苏省水利厅下达的编制大纲，结合苏州生态文明建设要求，"263"综合整治、"两路一河"环境专项整治等任务，两次专题研究优化"一河一策"编制大纲内容。在问题排查全面、原因分析透彻、责任措施清晰的基础上，结合现有相关规划、实施方案、行动计划，以近期（2017—2020年）目标为重点，列出问题清单、任务清单、责任清单、"一事一办"工作清单。

浙江省结合全省水域保护规划成果、全省河流基本情况普查成果、水域动态监测数据库，重新梳理并划分了省、市、县级河道名录。省河长办印发了《浙江省"一河（湖）一策"编制指南（试行）》（浙治水办发〔2017〕26号），指导全省各市县组织编写"一河（湖）一策"实施方案，并提供了河道治理作战图、重点工程项目汇总清单、重点项目推进计划表的范例。6条设立省级河长的跨市河流已全部制定印发了"一河一策"工作方案，各县级及以上河道的"一河（湖）一策"也已全部完成编制。

上海市全市开展河湖数据调查复核工作，形成"一图一表一信息"全覆盖、无重复、无遗漏的河湖本底数据，全市共有河道43424条（段），湖泊40个。在此基础上，各级河长办均已编制同级党政领导担任河长的主要河湖名录。按照上海市河长制实施方案的目标要求，2017年重点围绕"中小河道基本消除黑臭"目标，编制完成了1864条（段）1756千米河道的"一河一策"。2018年，以"2020年基本消除劣Ⅴ类水体"和"水功能区水质达标"为目标，启动编制其余河道"一河一策"。其中，226条骨干河道由市河长办组织编制，8条市领导担任河长的河道"一河一策"已编制完成，其余河道由各区组织编制。

福建省编制了省级河长管辖的河湖名录，包括流域范围、流域概况、流域水系图等。各市县也相应编制了各级河长管辖的河湖名录，涵盖了河道等级、集雨面积、河流长度、流经区域等内容。出台"一河一档一策"编制指南、编制大纲，通过举办"一河一档一策"编制培训，帮助各级河长办进一步明确工作目标和具体要求。省河长办还成立专家组，分片到一线指导各地"一河一档一策"编制。全省 10 个设区市（含平潭）、84 个县（市、区）已全部完成编制，并按流域完成汇编，形成省级报告。

安徽省以河湖水系树状结构为基础，编印了省市县河湖名录，摸清河湖自然地理、水域岸线、水环境等现状，建立"一河一档"，系统掌握河湖及河长信息。全面编制完成新安江等四个省级"一河（湖）一策"实施方案并印发实施，市、县两级实施方案编制工作全面启动，已编制 1364 项，其中印发实施 1072 项，其余 292 项正在审查审议。

新安江是安徽省境内仅次于长江、淮河的第三大水系，干流同步设置了省、市两级河长。按照水利部太湖流域管理局印发的《太湖流域片河长制"一河一策"编制指南（试行）》等技术规范和要求，安徽省编制了《安徽省新安江干流"一河一策"实施方案》，围绕全面推行河长制六大方面任务，将其细化为 18 项主要工作、48 个子项任务，提出具体对策措施，明确牵头部门，形成"五个清单"（"问题清单""目标清单""任务清单""责任清单"和"措施清单"），切实提高"一河一策"实施方案的针对性和可操作性。2017 年 9 月 26 日，安徽省黄山市召开市级总河长会议专题研究《新安江干流"一河一策"实施方案》。黄山市市长、总河长召集市级河长、市河长制成员单位主要负责人及各区县总河长讨论研究通过了该"一河一策"，要求落实具体措施，精准组织实施。

三、专项行动

流域片各地针对当前河湖管理保护中的突出问题，细化实化河长制工作目标和任务，开展水资源保护、水域岸线管理、水污染防治、水环境治理、水生态修复等方面的专项行动，全力推进河长制湖长制主要任务的落实，力度空前。

江苏省全面实施生态河湖行动计划，到 2020 年江苏省将恢复水域面积 100 平方千米，全省万元 GDP 用水量、万元工业增加值用水量分别比 2015 年下降 25%、20%，基本消除设区市及太湖流域县（市）城市建成区黑臭水体，流域防洪达到 50～100 年一遇标准。江苏省有关部门陆续出台部门的"生态河湖专项方案",盐城、扬州、镇江、泰州等市已出台了"生态河湖行动计划实施方案"。江苏省开展全省河湖"三乱"专项整治行动,部署对河湖管理范围内违法占用河湖管理范围、违法建设涉水建筑物、违法向河湖排放废污水和倾倒废弃物等乱占、乱建、乱排问题进行专项整治,要求2018年4月30日前清理整治违法行为,2020年年底前恢复河湖管理良好秩序,至2017年年底已累计排查违法行为8000余起,发现重点河湖违法行为1115起。

无锡市通过河长主导河道整治,切实打好河道整治"三大战役",以河长制倒逼产业结构调整和生产生活方式的转型升级,推进产业强市主导战略和创新驱动核心战略,保障经济社会可持续发展。一是黑臭水体歼灭战,全面开展38条黑臭水体整治工作。二是断面达标攻坚战,实施161条重点河道的水环境综合整治。三是水质提升持久战,推进河湖的长效治理和管理,不断改善提升水质,持续提高水质的达标率、达标度,持续提高老百姓对水质的认可度、满意度。

浙江省实施"全面剿灭劣Ⅴ类水"行动,全省11个设区市的16455个劣Ⅴ类小微水体已全部完成验收销号。开展全省入河排污(水)口标识专项行动,全面排查全省入河排污(水)口及其主要污染源,对整治后保留的入河排污(水)口实施"身份证"管理,树立标识牌,公开排放口汇入的主要污染源、整治措施和时限、监督电话等信息,重点河道逐段绘制入河排污(水)口位置图,张贴在河长公示牌上,便于河长巡查和群众监督,全省计划的77276个排放口已全部完成整治。组织开展河道采砂专项整治活动,全面加强对河湖非法采砂的行政执法,严格禁采区和禁采期管理,全省绝大多数县(市、区)实行了禁采,部分县(市、区)由河道采砂逐步向河岸边制砂或陆域制砂转型,源头地区已全面禁止河道采砂。以"涉渔'三无'船舶全面取缔,非法捕捞基本杜绝"为目标,以组织实施"幼鱼资源保护战""伏休成果保卫战"和"禁用渔具剿灭战"为抓手,大力开展一打三整治专项执法行动,坚决杜绝涉渔

"三无"渔船死灰复燃。积极推进涉水"无违建"创建工作，加大涉水"三改一拆"工作推进力度，全省已创建完成基本无违建河道3779千米。

浙江省绍兴市在"全面剿灭劣V类水"行动中，以镇街为单位，按照"四张清单一张图"的要求，对全市2752个劣V类和疑似劣V类小微水体，建立污染水体、污染成因、治理项目、销号报结等"四张清单"，形成"一点（河）一策"作战计划和作战方案，实行挂图作战，销号管理。市经信局、市建设局、市农业局、市环保局、市水利局、市农办等部门各司其职，根据"水岸同治"理念，切实念好"截、清、治、修"四字诀，紧抓工业污水、农业污水、生活污水治理三大"牛鼻子"，综合施策，精准施力，重点突破。在整治工业污染方面，2017年3月，绍兴市政府对全市打好印染化工落后产能歼灭战进行动员部署，再次在全市开展了印染产业集聚、化工产业整治、工业园区（小区）提升、热电企业超低排放改造等四大专项行动。对"污染大户"的纺织印染企业，重点是打好"五大仗"：对20家印染企业的"关停淘汰仗"，对130家企业的"整治提升仗"，对32家企业的"搬迁集聚仗"。同时，打好"培育壮大、产业跃升"两大仗，全面完善提升"绍兴纺织"的产业格局。在整治农业污染方面，在对500头以上养猪场已安装完成智能化防控系统的基础上，2017年，重点对保留的779家生猪养殖场，实现智能化防控系统安装的全覆盖，统一实行在线监管。同时，继续扩大用肥用药"双减量"、农药废弃包装物回收处置的战果。在整治生活污水方面，全面完成城镇污水入网改造，特别是解决"历史遗留问题"以及城中村改造，新增污水配套管网350千米。

上海市重点开展城乡中小河道综合整治工作，实现了2017年年底全市中小河道基本消除黑臭的工作目标，全面完成1864条段1756千米黑臭河道整治，治理直排工业企业3116家，退养畜禽养殖场105家，建设污水管网310千米，完成农村生活污水改造5.44万户。水务、环保、城管等执法部门加强协作，开展城乡中小河道综合整治专项执法、河湖水面率管理专项执法、"三无"居家船舶专项整治等专项行动。

上海市青浦区在 2017 年中小河道综合整治攻坚战中，紧紧牵住控源截污这个"牛鼻子"，结合"五违四必"生态环境治理，在 36 个、67 平方千米重点整治地块内，拆除沿河和地块违建 86.47 万平方米、整治污水企业 1044 家、"三无"居家船舶 22 艘及 5 家规模化畜禽牧场。特别是对河道周边 102 个居民小区、240 千米市政雨污管网和农民宅基地落实雨污分流改造，共改造小区立管 263 千米、干管 187 千米，农户纳管 6682 户，修复管网破损、塌陷、错位点 4400 多处，改造 27 千米。同时在全区所有河道全力推进"三清"行动，共"清河面"88 千米、"清河岸"83 万平方米、"清河障"1.6 万个，为河道"擦脸洗澡"。

福建省重点开展了河道行洪障碍、城市黑臭水体、生猪养殖污染"三个全面清理"专项行动及小流域综合整治、超规划养殖整治、水生生物资源增殖放流等工作。全省共清理河道违章建筑 1040 处、弃土弃渣 646 处、洗砂制砂 388 处、餐饮娱乐场所 55 处；推进城市黑臭水体治理 86 条、完工 82 条；整治小流域 60 条；关闭拆除禁养区养殖场（户）1.23 万家，关闭可养区存栏 250 头以下养殖场（户）6850 家、250 头以上养殖场（户）4138 家，标准化改造 3759 家；实施闽江禁渔，严厉查处非法捕捞，累计清退养殖网箱 1.1 万口、养殖面积 40 余万平方米，投放各类鱼苗超过 4500 万尾。

福建省泉州市针对河长制六大任务，组织实施"全市流域水环境保护行动""环保设施与能力建设大会战"和"农村生活污水治理、垃圾治理三年行动"：全市实施重点流域治理项目 103 个、小流域整治 14 条、安全生态水系项目 13 个、清洁河流项目 25 个，已完成河道综合治理 470 千米。完成水土流失治理 26.72 万亩，造林绿化 7.8 万亩、矿山迹地治理 150 万平方米。新建改建供水管网 191 千米，新建污水管网 127.2 千米，完成规模以上生猪养殖场标准化改造 49 家、行政村污水治理 266 个、三格化粪池新建改造 4.5 万户。

安徽省巩固扩大"三线三边"环境整治成果，全面开展河道垃圾清理和日常保洁，深化城乡水环境综合整治。入河排污口监管全面加强，大规模专项整治取得突出成效，共核查入河排污口 2029 个（其中规模以上 788 个），通过分类施策整治，加大监测检查力度，严控入河湖排污总量。中小河流河道采砂管理全面加强，依法查处非法采砂案件 984 起。整改集中式饮用水水源地突出问题 29 个，关闭或搬迁禁养区内养殖场 7654 家，拆除水面围栏网 14775 公顷，加快实施黑臭水体整治，城市黑臭水体消除 99 个，形成了水岸加速同治的工作格局。

第三章

湖 长 制 实 务

▶ 第一节 湖长制与河长制的关系 ◀

党的十九大强调，生态文明建设功在当代、利在千秋，要推动形成人与自然和谐发展现代化建设新格局。中共中央办公厅、国务院办公厅《关于全面推行河长制的意见》明确在全国江河湖泊推行河长制，这其中也包括了湖泊。实施河长制以来，水利部会同有关部门协同推进，地方各级党委政府狠抓落实，省、市、县、乡四级30多万名河长上岗履职，河湖专项整治行动深入开展，全面推行河长制工作取得重大进展，河湖管护责任更加明确，很多河湖实现了从"没人管"到"有人管"、从"多头管"到"统一管"、从"管不住"到"管得好"的转变，生态系统逐步恢复，环境质量不断改善，受到人民群众好评。在全面推行河长制的基础上，中央专门制定出台在湖泊实施湖长制的指导意见，是基于湖泊自身特点和突出问题，体现了湖泊生态保护在生态文明建设中的重要地位。

湖泊是江河水系的重要组成部分，是蓄洪储水的重要空间，在防洪、供水、航运、生态等方面具有不可替代的作用。在湖泊实施湖长制，是中央坚持人与自然和谐共生、加快生态文明体制改革作出的重大战略部署，是贯彻落实党的十九大精神、统筹山水林田湖草系统治理的重大政策举措，是关于全面推行河长制的意见提出的明确要求，是加强湖泊管理保护、改善湖泊生态环境、维护湖泊健康生命、实现湖泊功能永续利用的重要制度保障。

湖泊功能重要。湖泊是水资源的重要载体，是江河水系、国土空间和生态系统的重要组成部分，具有重要的资源功能、经济功能和生态功能。全国现有水面面积 1 平方千米以上的天然湖泊 2865 个，总面积 7.8 万平方千米，淡水资源量约占全国水资源量的 8.5％。这些湖泊在防洪、供水、航运、生态等方面具有不可替代的作用，是大自然的璀璨明珠，是中华民族的宝贵财富，必须倍加珍惜、精心呵护。

湖泊生态特殊。与河流相比，湖泊水域较为封闭，水体流动相对缓慢，水体交换更新周期长，自我修复能力弱，生态平衡易受到自然和人类活动的影响，容易发生水质污染、水体富营养化，存在内源污染风险，遭受污染后治理修复难，对区域生态环境影响大，必须预防为先、保护为本，落实更加严格的管理保护措施。

湖泊问题严峻。长期以来，一些地方围垦湖泊、侵占水域、超标排污、违法养殖、非法采砂，造成湖泊面积萎缩、水域空间减少、水系连通不畅、水环境状况恶化、生物栖息地破坏，湖泊功能严重退化。虽然近年来各地积极采取退田还湖、退渔还湖等一系列措施，湖泊生态环境有所改善，但尚未实现根本好转，必须加大工作力度，打好攻坚战，加快解决湖泊管护突出问题。

湖泊保护复杂。湖泊一般有多条河流汇入，河湖关系复杂，湖泊管理保护需要与入湖河流通盘考虑、协调推进；湖泊水体连通，边界监测断面难以确定，准确界定沿湖行政区域管理保护责任较为困难；湖泊水域岸线及周边普遍存在种植养殖、旅游开发等活动，如管理保护不当极易导致无序开发；加之不同湖泊差异明显，必须因地制宜、因湖施策，统筹做好湖泊管理保护工作。

相较于河流，湖泊水体具有其特殊的生态特性和治理规律，需要统筹考虑陆地水域、岸线水体、水量水质、入湖河流与湖泊自身，确保湖泊保护的整体性、系统性和有效性。

▶ 第二节 湖 长 制 体 系 ◀

根据中共中央办公厅、国务院办公厅《关于在湖泊实施湖长制的指导意见》和水利部《贯彻落实〈关于在湖泊实施湖长制的指导意见〉的通知》（水建管〔2018〕23 号）要求，各省（自治区、直辖市）要将本行政区域内所有湖泊纳入全面推行湖长制工作范围，到 2018 年年底前在湖泊全面建立湖长制，建立健全以党政领导负责制为核心的责任体系，落实属地管理责任。

全面建立省、市、县、乡四级湖长体系。各省（自治区、直辖市）行政区域内主要湖泊，跨省级行政区域且在本辖区地位和作用重要的湖泊，由省级负责同志担任湖长；跨市地级行政区域的湖泊，原则上由省级负责同志担任湖长；跨县级行政区域的湖泊，原则上由市地级负责同志担任湖长。同时，湖泊所在市、县、乡要按照行政区域分级分区设立湖长，实行网格化管理，确保湖区所有水域都有明确的责任主体。

浙江省在推进河长制过程中积极探索湖长制，《浙江省河长制规定》明确将湖泊纳入各级河长的管理范围。在水利部太湖流域管理局的协调指导下，绍兴市率先出台了《关于全面推行"湖长制"管理工作的意见》《绍兴市河（湖）长工作规则（试行）》等，发布全国第一张"湖长地图"，全市 3300 多个湖库塘全面实行湖长制管理，设立各级湖长 3799 名，实现了湖长制全覆盖。

▶ 第三节 湖长制的主要任务 ◀

根据中共中央办公厅、国务院办公厅《关于在湖泊实施湖长制的指导意见》，湖长制主要任务包括以下内容。

一、严格湖泊水域空间管控

各地区各有关部门要依法划定湖泊管理范围，严格控制开发利用行为，将湖泊及其生态缓冲带划为优先保护区，依法落实相关管控措施。严禁以任何形式围垦湖泊、违法占用湖泊水域。严格控制跨湖、穿湖、临湖建筑物和设施建设，确需建设的重大项目和民生工程，要优化工程建设方案，采取科学合理的恢复和补救措施，最大限度减少对湖泊的不利影响。严格管控湖区围网养殖、采砂等活动。流域、区域涉及湖泊开发利用的相关规划应依法开展规划环评，湖泊管理范围内的建设项目和活动，必须符合相关规划并科学论证，严格执行工程建设方案审查、环境影响评价等制度。

二、强化湖泊岸线管理保护

实行湖泊岸线分区管理，依据土地利用总体规划等，合理划分保护区、保留区、控制利用区、可开发利用区，明确分区管理保护要求，强化岸线用途管制和节约集约利用，严格控制开发利用强度，最大程度保持湖泊岸线自然形态。沿湖土地开发利用和产业布局，应与岸线分区要求相衔接，并为经济社会可持续发展预留空间。

三、加强湖泊水资源保护和水污染防治

落实最严格水资源管理制度，强化湖泊水资源保护。坚持节水优先，建立健全集约节约用水机制。严格湖泊取水、用水和排水全过程管理，控制取水总量，维持湖泊生态用水和合理水位。落实污染物达标排放要求，严格按照限制排污总量控制入湖污染物总量、设置并监管入湖排污口。入湖污染物总量超过水功能区限制排污总量的湖泊，应排查入湖污染源，制定实施限期整治方案，明确年度入湖污染物削减量，逐步改善湖泊水质；水质达标的湖泊，应采取措施确保水质不退化。严格落实排污许可证制度，将治理任务落实到湖泊汇水范围内各排污单位，加强对湖区周边及入湖河流工矿企业污染、城镇生活污染、畜禽养殖污染、农业面源污染、内源污染等综合防治。加大湖泊汇水范围内城市管网建设和初期雨水收集处理设施建设，提高污水收集处理能力。依法取缔非法设置的入湖排污口，严厉打击废污水直接入湖和垃圾倾倒等违法行为。

四、加大湖泊水环境综合整治力度

按照水功能区划确定各类水体水质保护目标，强化湖泊水环境

整治，限期完成存在黑臭水体的湖泊和入湖河流整治。在作为饮用水水源地的湖泊，开展饮用水水源地安全保障达标和规范化建设，确保饮用水安全。加强湖区周边污染治理，开展清洁小流域建设。加大湖区综合整治力度，有条件的地区，在采取生物净化、生态清淤等措施的同时，可结合防洪、供用水保障等需要，因地制宜加大湖泊引水排水能力，增强湖泊水体的流动性，改善湖泊水环境。

五、开展湖泊生态治理与修复

实施湖泊健康评估。加大对生态环境良好湖泊的严格保护，加强湖泊水资源调控，进一步提升湖泊生态功能和健康水平。积极有序推进生态恶化湖泊的治理与修复，加快实施退田还湖还湿、退渔还湖，逐步恢复河湖水系的自然连通。加强湖泊水生生物保护，科学开展增殖放流，提高水生生物多样性。因地制宜推进湖泊生态岸线建设、滨湖绿化带建设、沿湖湿地公园和水生生物保护区建设。

六、健全湖泊执法监管机制

建立健全湖泊、入湖河流所在行政区域的多部门联合执法机制，完善行政执法与刑事司法衔接机制，严厉打击涉湖违法违规行为。坚决清理整治围垦湖泊、侵占水域以及非法排污、养殖、采砂、设障、捕捞、取用水等活动。集中整治湖泊岸线乱占滥用、多占少用、占而不用等突出问题。建立日常监管巡查制度，实行湖泊动态监管。

▶ 第四节 网格化管理 ◀

"网格化管理"源自城市社区治安管理的一种方式，其特点是依托统一的管理数字化平台，通过落实网格管理责任制度，加强对单元网格的巡查监督，建立一种监督和处置互相分离的管理方式。作为一种科学封闭的管理机制，网格化管理将过去传统、被动、定性和分散的管理，转变为现代、主动、定量和系统的管理。过去十年中，网格化管理广泛应用于海事、城市管理、国土资源管理、社区管理等领域。

湖泊的网格化管理是一种管理机制和手段，通过定格、定人、定责，及时发现、分析和预测湖泊管理与保护中出现的问题，并对湖泊管护手段及能力进行适时调整。在网格化管理模式下，网格管理主体在所分管的网格内进行管理，把发现的问题运用移动信息技术及时反馈、及时处理。江苏、浙江、上海等地率先将网格化管理引入湖泊管理与保护，提供了新的湖泊管护理念。

一、湖区网格划分

依据管理范围内的行政区划、地形地貌、面积等，对湖泊管理范围进行网格划分。划分片区，湖泊网格化管理范围内共划分若干个片区，按照水域陆域面积大小、湖湾河汊复杂程度、非法圈圩数量和巡查难易程度等，将片区划分成若干网格。敞水区网格其中一个重要作用就是便于定位，与便携式定位巡查系统结合后，有利于在大的水域开展生态调查、执法巡查、人员搜救等工作。圩区网格每个网格需落实人员，定岗定责。

二、网格管理体制

在网格化管理中，管理体制的确定是保障湖泊长效管护的基础。按照统一管理与分级管理要求，设立三级网格。依据事权划分和管理现状，分别明确三级网格的主要职责。

一级网格：以湖泊全湖为单元划分一级网格，具体范围由湖泊最高层级湖长、河长办会同沿湖地方党委政府研究划定。

二级网格：在一级网格范围内，沿湖地方党委政府按照行政辖区和管理范围划定，二级网格可根据乡镇区划细化片区。二级网格分设湖长若干名，由沿湖地方党委政府领导担任。

三级网格：沿湖地方党委政府在各自二级网格范围内，按照行政区划、便于管理等要求进一步细划网格。三级网格可分水域网格和圩区、陆域网格，其中圩区、陆域网格可根据需求落实网格长。

三、网格管理措施

（一）建立网格化管理信息平台

建设湖泊网格化管理信息平台，以信息化支撑网格化管理，建立湖泊网格化管理信息数据库，配发现场巡查定位等设备，利用GPS定位系统、遥感监测、视频监控系统等手段，搭建网格化日常管理系统，实现湖泊巡查、监控、网格化日常管理全覆盖，动态掌握全湖巡查管理和涉湖违法行为情况。建立网格化分级处置方案，对各网格点巡查、监测和举报发现的问题进行等级划分，划分方法由最高层级湖长组织各级湖长、河长办制定，分级处理。

（二）强化网格监督考核

各级网格都要建立健全网格化管理工作考核制度，细化考核指标，制定考核办法。加强考核力度，上级网格要定期组织对下级网格日常运行管理情况和重大活动开展情况的检查评价，通报检查督查结果。对网格责任履行落实不力的单位和人员进行问责，对工作成绩突出的单位和人员进行表彰奖励。

（三）建立资金投入机制

各级财政建立湖泊管理与保护网格化管理工作运行经费的保障机制，将湖泊巡查、查处、网格长人员工资等工作经费纳入同级财政保障范围，逐步完备各类巡查、执法管理设施配置。

通过湖泊网格化管理机制的创新和实践，建立科学的分工协作机制、高效的工作运行机制、规范的监督考核机制，形成"人员入格、责任定格"的管理网络，实现网格化责任到位、监督定位、奖惩定量。湖泊网格化管理可以有效破解湖泊长效管理中的诸多难题，是长期以来湖泊管理与保护工作从量的积累到质的升华。在全面推行河长制湖长制的过程中，湖泊网格化管理实践是河湖管理体制机制、手段模式的重要创新，无论从机制的设立、制度的创建和取得的成效看，都值得借鉴并进一步研究和探索。

第四章

河 长 制 与 流 域 管 理

在中央作出全面推行河长制的重大决策部署后，水利部、环境保护部迅速印发《贯彻落实〈关于全面推行河长制的意见〉实施方案》，其中明确要求流域管理机构、区域环境保护督查机构要充分发挥协调、指导、监督、监测等作用。

▶ 第一节　加强流域层面指导 ◀

一、出台指导性意见

水利部太湖流域管理局主动作为，靠前服务，全面总结提炼流域片部分地区先行先试河长制所取得的可复制可推广的做法经验，并结合流域片河湖管理实际，以最快速度、率先制定了《关于推进太湖流域片率先全面建立河长制的指导意见》，于 2016 年 12 月 21 日正式印发，为流域片各省（直辖市）制定实施方案，落实河长制工作提供更加细化的工作指南。

（一）各地应准确把握流域片河长制工作的总体要求

太湖流域片河湖众多、河网密布、经济发达，河湖开发利用程度高，河湖管理保护压力大。随着经济社会的高速发展和人民生活水平的提高，处理好河湖管理保护与开发利用的关系，打造良好生态环境显得尤为重要和紧迫。按照党中央国务院对有关地方发展的总体定位，流域片必须牢固树立新发展理念，坚持节水优先、空间均衡、系统治理、两手发力，创新河湖管理保护模式，加快推进水生态文明建设，实现绿色发展、人水和谐。

各地应按照《关于全面推行河长制的意见》和《水利部 环境保护部贯彻落实〈关于全面推行河长制的意见〉实施方案》，科学制定河长制工作方案和推动措施，突出流域片特点特色，细化实化水资源保护、水域岸线管理、水污染防治、水环境治理、水生态修复、执法监督等主要任务，落实各项保障措施，创新方式方法，全面强化依法治水管水，充分发挥规划指导约束作用，力争在全国率先全面建成河长制，率先建成现代化水治理体系，率先实现水生态文明，为流域片经济社会绿色发展和持续健康协调发展提供更加坚实的支撑和保障。

（二）合理确定河长制工作总体目标

1. 河长制工作目标

2017 年 6 月底前，各地应出台省级河长制工作方案；2017 年年底前，流域片率先全面建成省、市、县、乡四级河长制，有条件的地方，特别是平原河网地区积极探索河长向村（社区）拓展，力争建成五级河长制。

2. 河湖管理保护目标

太湖流域片水资源得到有效保护，河湖水域岸线合理利用，水环境质量不断改善，水生态持续向好，逐步实现"水清、岸绿、河畅、景美"的河湖管理保护目标。

到 2020 年，太湖入湖河流水质浓度高锰酸盐指数达到Ⅲ类，氨氮达到Ⅲ类，总磷控制在 0.12～0.15mg/L，总氮控制在 2.8～3.8mg/L；太湖湖体高锰酸盐指数和氨氮稳定保持在Ⅱ类，总磷达到Ⅲ类，总氮达到Ⅴ类；流域省际边界缓冲区水质不低于Ⅲ类，水功能区水质达标率达到 78％以上，骨干输水河道水质达到或优于Ⅲ类。东南诸河重要江河湖泊水功能区主要水质达标率达到 85％，新安江省界街口国控断面水质进一步改善。到 2020 年，流域片地级及以上城市集中式饮用水水源水质基本达到或优于Ⅲ类，其他水源地得到显著改善。

（三）规范设立河长及河长办

1. 分级设置河长

各地应结合流域和区域河湖特点，分级设置相应的河长。太湖流域片骨干河湖、环太湖重要入湖河道、省际边界或跨省（直辖市）主要河湖以及东南诸河独流入海河道干流原则上应由地（市）级以上党政领导担任河长。环太湖入湖河道、平原区省界河流等重要河道，结合河湖自然特点、治理目标等因素，积极探索分片打捆，设置省级河长（片长）。水利部太湖流域管理局还结合太湖流域片实际提出了建议由省级党政领导担任河长的主要河道（湖泊）名录。

省（直辖市）内河湖应根据具体情况，将河湖管理保护划分到市、县、乡，明确各级河长设置要求，公布各级河湖名录。平原河网等地区积极探索设置村级河长（片长），实施区域河长制网格化管理，实现全覆盖。

目前，流域片各地根据水利部太湖流域管理局关于省级河长设置的建议，结合本省实际，已全面完成了本省省级河长的设置，详见表4-1。

表4-1　　　　　　　太湖流域片省级河长设置情况表

河流湖泊名称	河长设置情况
太湖	江苏省级、浙江省级
太浦河	江苏省级、上海省级
望虞河	江苏省级
新孟河	江苏省级
江南运河	江苏省级、浙江省级
黄浦江	上海省级
苕溪	浙江省级
钱塘江	浙江省级
新安江	安徽省级
曹娥江	浙江省级
瓯江	浙江省级
飞云江	浙江省级
鳌江	福建省级
闽江	福建省级
九龙江	福建省级

2. 明确河长主要职责

各级河长应全面负责组织相应河湖的管理和保护工作，重点组织开展河湖现状调查、制定实施方案，协调解决重点难点问题，明晰河湖管理保护属地责任，进行督导检查，确保目标任务完成。同一河湖设置多级河长的，下一级河长对上一级河长负责，上一级河长加强对下一级河长指导、监督、考核。

3. 规范设立河长办

各级水行政主管部门应主动作为，积极向党委政府汇报，加强与环保等有关部门沟通协调，规范设立河长制办公室。河长办承担河长制组织实施具体工作，健全工作制度，组织制定"一河一策""一湖一策"等管理保护实施方案，强化部门协调，积极向河长汇报工作，提出工作意见、建议，组织开展监督、检查。

（四）细化实化河长制主要工作任务

各地在全面加强水资源保护、水域岸线管理保护、水污染防治、水环境治理、水生态修复和加强执法监管等六项工作的同时，结合太湖流域片特点，着力细化实化以下重点任务。

1. 加强水资源保护与管理

各地应实行水资源消耗总量和强度双控行动，强化水资源承载能力刚性约束，全面推进太湖流域片节水型社会建设，促进经济发展方式和用水方式的转变。要突出对高耗水和重点取水户节水全过程监督管理，严格执行用水定额标准，鼓励循环用水，强化计划用水管理；深化农业节水管理，推进农业取水许可，太湖流域重点加快转变平原河网地区水稻田漫灌方式，减少化肥和农药流失，实施农业用水计量考核；东南诸河大力推进大中型灌区续建配套和节水改造，加快重点小型灌区节水改造，完善农田灌排体系。建立健全区域用水总量控制、太湖等重点河湖取水总量控制、计划用水管理、水资源论证与取水许可审批、节水"三同时"等节水管理制度，加强水资源用途管制和合同节水，积极探索创新水权、排污权交易，逐步完善资源配置与监管体系。

严格控制排污总量，各级人民政府要把限制排污总量作为水污染防治和污染减排工作的重要依据，严格控制污染项目审批。严格落实区域限批，对未完成重点水污染物排放总量削减和控制计划，行政区域边界断面、主要入太湖河道控制断面未达到阶段水质目标的地区，属于太湖流域内的应当暂停办理可能产生污染的建设项目的审批、核准以及环境影响评价、取水许可和排污口设置审查等手续；属于其他地方的应采取取水许可和入河排污口审批权限上收一级，限制审批新增取水和入河排污口等措施。严格落实达标措施，未达到水质目标要求的河湖要抓紧制定达标方案，依据限制排污总量意见，将治污任务逐一落实到汇水范围内的排污单位，明确防治措施及达标时限，定期向社会公布。加快实施《"十三五"生态环境保护规划》，严格河湖总氮控制，特别是沿海地级及以上城市和汇入太湖、阳澄湖、淀山湖等的河流，应制定总氮总量控制方案，并将总氮纳入区域总量控制指标。

2. 加强上游源水区和水源地保护

各地应大力推进福建生态文明试验区、江苏和浙江生态文明示范区、安徽黄山生态文明先行示范区和流域片水生态文明等建设，着力构建系统完整、空间均衡的生态格局，逐步改善水生态环境。流域片上游源水区以涵养水源、提升水生态系统修复与自我调节能力为重点，实施水源涵养林草建设、生态保护林建设、水生态保护与修复等生态保护工程，保护源头水。加强新安江国家级水土流失重点预防区、粤闽赣红壤国家级水土流失重点治理区（福建部分）水土流失预防及综合治理工作。开展清洁小流域建设，有效控制农业面源污染。

以流域片列入全国重要饮用水水源地名录（2016年）的水源地为重点，建立安全保障机制，完善风险应对预案，同时采取环境治理、生态修复等综合措施，使之达到饮用水水源地水质要求。河湖型水源地加强水源地保护区污染治理，控制外源污染，减少内源污染。进一步削减工业污染，从源头减少入河污染物，加大对生活污染源处理力度，提高生活污水的纳管率，扩大农业面源污染治理的范围。要加强畜禽养殖整治，严格划定禁养区，对禁养区内现有的畜禽养殖，要采取措施，抓紧清理。太湖、太浦河等河湖在《太湖流域管理条例》确定的保护范围内，严格执行有关禁止或限制开发利用行为的要求。山丘水库型水源地重点解决饮用水水源地水质较差等饮用水安全问题，采取污染源综合整治、控制畜禽养殖规模、水生态修复与保护等综合治理措施，改善入库水质。

3. 全面保护河湖生态空间

各地应积极推进退田（退渔）还湖，1988年《中华人民共和国水法》颁布实施后新增加的非法圈湖占湖形成的区域，要尽快清退；历史上形成的圈围，要依法组织编制退田（退渔）还湖规划（或清理工作方案），按照尊重历史、实事求是的原则，综合考虑湖泊历史水域范围、湖泊水生态系统健康状况等因素，尽可能恢复湖泊的水域面积。已经批准的退田（退渔）还湖规划要抓紧组织实施。对围网养殖严重的湖泊要制订拆除围网养殖计划，有序减少围网养殖面积，改善水环境，恢复湖泊调蓄功能。因势利导改造渠化河道，重塑健康自然的弯曲河岸线，为生物提供多样性生存环境。优化城市绿地布局，建设沿河绿道绿廊，构建完整的生态网络。

大力推进河湖管理范围划界确权工作，加大水利、国土、财政、建设、绿化等相关部门的沟通协调，合力推进划界确权工作。有条件的地方要办理管理范围土地征用手续，进行土地确权；管理范围内土地无法全部征用的，探索采取土地流转等方式取得土地使用权，明确管理范围线，设立界桩、管理和保护标志。新建水利工程力争在建设过程中同步开展划界确权工作，划界确权与工程建设同步完成。要将河湖管理范围线、规划蓝线等纳入地市、区县、乡镇规划体系，实现多规合一。

4. 加快推进黑臭河道综合整治

各地应全面落实《水污染防治行动计划》，不断加大水污染防治力度，加强源头防控。以城乡黑臭河道综合治理为重点，有针对性地制定污染河道整治方案，控源截污、内源污染治理多管齐下，科学整治城市黑臭水体。加强城镇生活污水处理设施的建设、运行，通过截污纳管等方式，加强生活污水收集处理。组织开展排污状况排查，对未经批准擅自设置的入河排污口，依法予以取缔。东南诸河沿海地区污染严重的城镇力争制定高于国家统一要求的排放标准，率先实施。太湖流域在全面实施城镇污水处理厂一级 A 排放标准的基础上，提出更严格的排放标准。对达不到排放要求的企业，要实施关停并转。

5. 大力推进河湖水系连通和清淤疏浚

各地在继续开展大江大河大湖、中小河流治理的同时，重点加强平原河网地区城镇和农村小微河道"毛细血管"的治理。按照网格化管理的要求，分片推进河湖水系连通，拆除清理坝头、坝埂、沉船等阻水障碍，打通"断头河"，拓宽"卡脖河"，促进微循环，增加区域水面积，提高水面率。加强太湖与周边地区河网、河网与长江及杭州湾的水力联系。东南诸河重点完善沿海平原河网地区江河湖库水系连通。

大江大河大湖宜结合综合治理等专项工程实施清淤，其余河湖应根据河湖特点，探索建立相应的轮疏机制，重点强化平原河网地区城镇和农村中小、小微河道疏浚，各地应根据回淤速度制定轮疏方案和计划。加强淤泥处置方式的研究，分类处理，防止污染物转移。

6. 全面强化依法管水治水

各地应结合实际，修订完善河湖管理法规制度。严格执行水工程建设规划同意书、涉河建设项目审查、排污口设置、河道采砂许可、洪水影响评价等制度，规范涉河建设项目和活动审批。切实加强河湖日常管理与执法的巡查和现场检查，重点加大对主要河湖的巡查力度，及时发现和处置围垦、违法侵占水域岸线、未批先建水工程与涉河项目、非法采砂与排污等违法行为。建立健全流域与区域、相邻区域之间、水利部门与其他部门之间的联合巡查机制、综合执法机制，深化跨部门执法合作，创新执法形式，强化执法信息通报。

依法加强对河湖违法行为的查处，严厉打击涉河湖违法行为。围绕重点河湖和社会普遍关注的热点河湖开展专项执法和专项检查。加强流域和区域执法统筹与监督，避免区域间执法不一或存在执法"盲区"，切实做到违法必究、执法必严。违法行为、执法结果向社会公布。

7. 强化规划指导约束

各地应完善河湖管理保护规划，做好已批准规划的实施，落实规划实施评估和监督考核。建立由流域水资源保护规划、水域岸线利用管理规划、河湖水系规划、河道采砂管理规划等组成的河湖管理保护规划体系，健全河湖管理控制指标体系。平原地区特别是太湖流域平原河网地区，大力推进流域、省、市、县、乡五级河湖水系规划编制，实现骨干、中小、小微河湖全覆盖。河湖管理保护相关规划须遵循和服从流域综合规划以及防洪规划、水资源综合规划等流域性规划。

强化规划约束作用，严格河湖空间用途管制。依据规划和蓝线控制，结合水功能区划要求，科学划分岸线功能区，强化分区管理，合理利用保护河湖生态空间。各地抓紧研究提出省、市、县、乡的四级水面率控制指标，约束侵占河湖行为，严格等效占补平衡，确保水面率不减少，力争有所提高。

依据河湖管理保护相关规划，分类科学制定河湖管理保护实施方案，确保一个河湖一个实施方案。对污染严重、生态脆弱的平原河湖，重点加强污染防治、水生态修复；对水质较好的山区性河湖，重点加强预防保护、水源涵养。推动技术创新，广泛采用实用先进技术，加快科技成果转化与共享，确保实施方案更具针对性、科学性和可操作性。

8. 积极创新河湖管护体制机制

各地应探索建立政府主导、部门分工协作、社会力量参与的河湖管护体制机制，落实管护主体、队伍和经费，完善河湖日常管护制度，采用政府购买服务的方式运用先进管理手段，建立河湖长效管护体系。针对各类河湖的特点，按照山丘区和平原河网区、城镇和农村河道等不同区域和河道类型，研究制定维修养护、河道保洁、河岸绿化、日常巡查等河湖管护技术标准，促进河湖管理标准化。引入市场机制，通过向社会购买服务等方式，完成工程维护、河道疏浚、水域保洁、岸线绿化、巡查检查等管护任务。制定维修养护、巡查检查、绿化疏浚等专业队伍的准入门槛，积极培育河湖管护市场，建立市场化、专业化、社会化的河湖管护机制。

（五）丰富完善河长制工作机制

1. 完善河长工作制度

各地应加快建立健全体现各地特色的河长会议、信息共享、工作督查、考核问责与激励、工作方案验收等河长制工作制度，规范河长制运行。探索建立由水利部太湖流域管理局牵头的入太湖河道、重要跨省河湖河长联席会议制度，及时协调解决涉及省际之间、上下游之间的河湖管理保护重大事宜，加强信息交流共享。

2. 创新河长工作方式

各地在推行"一河一策""一河一档"等常规工作方式的同时，积极推广流域片先行探索形成的"作战图""时间表""河长巡查制""河长工作手册""河长工作联系单"等有效做法，不断创新、完善河长制工作方式方法。

3. 加强部门联动

水利部门应主动加强与环保等相关部门沟通协调，形成上下协调、左右配合、齐抓共管的河湖管理保护新局面。不断充实完善河长结构体系，商公安、司法等有关部门，配套设立"河道警长"，加强对涉嫌环境违法犯罪行为的打击；设立"法制河长"，加强法制宣传，推动涉水矛盾化解。同时，积极鼓励"区域长""堤长"等新生力量参与河湖管护，进一步丰富河长制工作内涵。

4. 强化区域协作

对跨行政区域的河湖明晰管理责任，各地应进一步完善流域与区域、相邻区域之间的议事协调机制，协调上下游、左右岸实行联防联控。充分发挥太湖流域水环境综合治理水利工作协调小组等现有协商平台作用，积极创新跨省市河湖水资源保护、水污染防治合作机制。

5. 鼓励公众参与

各地应采用"河长公示牌""河长接待日""河长微信公众号"

等方式主动展示河长工作、宣传河湖管护成效、受理群众投诉和举报，借助"企业河长""民间河长""河长监督员""河道志愿者""巾帼护水岗"等社会资源进一步强化河湖管护合力，营造全社会关心河湖健康、支持河长工作、监督河湖保护的良好氛围。

（六）强化监督监测

1. 建立监督检查考核制度

各地应自上而下建立完备的河长制工作监督、检查和考核制度，出台相关规定及办法，明确监督和考核主体、方式、程序、内容和标准等，层层建立监督、检查和考核体系，落实责任，其中涉及跨省河湖、省际边界河湖、主要入太湖河道的考核应采用水利部太湖流域管理局监测数据。水利部太湖流域管理局重点开展对跨省河湖、省际边界河湖、主要入太湖河道河长制工作的监督检查，并将检查中发现的问题及时通报有关部门和相关河长。

2. 加强河湖监督管理

各地应严格河湖管理保护的监督管理，开展河湖健康评估。强化涉河建设项目事中事后监管，加强日常监督检查，重点加强对项目建设过程和主要环节的控制，保证许可的具体要求落到实处。严格入河湖排污口监督管理，从严审批新建、改建、扩建入河排污口，对已设置的排污口进行核查登记，建立入河湖排污口名录及监督管理档案，优化入河湖排污口布局，实施入河湖排污口整治，对排污口整治方案落实情况进行检查督促。有关省级水行政主管部门将主要入太湖河流，以及望虞河、太浦河等骨干河道的入河排污口名录报送水利部太湖流域管理局。

3. 强化河湖监督性监测

各地在全面开展水功能区水质监测的基础上，原则上对实行河长制的河湖全面开展水质监督性监测，推进河湖健康评估。流域片规模以上入河排污口（入河废污水排放量300m³/日或10万m³/年及以上排污口）要实现全覆盖监测，其他入河排污口开展监督性监测，及时将监测结果通报有关部门。做好各级行政区域边界河湖监督性监测，水利部太湖流域管理局重点开展省际边界水体和主要入太湖河道控制断面的水质监测，监测结果及时通报有关部门和相关河长。逐步推进重点湖库、重要江河河口及存在较大生态风险的大型河流湖库等水域水生态监测。力争对流域片列入全国重要饮用水水源地名录的 39 个水源地开展 109 项水质全指标监测。

（七）夯实河长制实施的工程基础

1. 加快河湖治理保护工程建设

在太湖流域统筹推进流域水环境综合治理骨干引排工程建设，提高水资源调控能力，为流域水环境进一步改善创造有利条件。进一步加快新孟河延伸拓浚、新沟河延伸拓浚、扩大杭嘉湖南排、杭嘉湖地区环湖河道综合整治、太嘉河、平湖塘延伸拓浚、苕溪清水入湖河道整治、望虞河西岸控制等工程建设。加快推进太浦河后续（清水走廊）、望虞河拓浚、吴淞江、环湖大堤后续等太湖流域综合治理骨干工程前期工作，尽早开工建设。

在东南诸河重点加快浙江钱塘江等五大江河干堤加固、朱溪等大中型水库，安徽月潭水库，福建闽江等五江一溪独流入海河流治理、平潭及闽江口水资源配置、长泰枋洋等大中型水库工程建设。同时，继续加快大中型灌区节水改造、小型水库除险加固、水土保持生态建设等。

2. 强化水资源监测能力建设

各地要在建站条件较好且有迫切建站需求的行政区域边界、饮用水水源地、入河湖排污口有计划地建设自动监测站，加快建成人工与自动相结合、满足河湖管理保护需要的水资源保护监测体系，其中列入全国重要饮用水水源地名录的地表水水源地到 2020 年全部实现在线监测。水利部太湖流域管理局切实抓好太湖流域水资源监控与保护预警系统建设，为环太湖和省界水资源监控与保护提供有力支撑。

3. 提高河湖管理保护信息化水平

各地要运用卫星遥感、无人机航拍等先进技术手段，加强对河湖水域变化、侵占河湖水域等情况的跟踪，对重点堤防、水利枢纽、重要河湖节点等进行视频实时监控，率先实现流域片重要河湖水域岸线监控全覆盖；大力推广"互联网＋"、物联网、云计算、大数据等新理念、新技术，因地制宜建设一批河湖管理信息系统；强化河湖管理保护相关信息系统和数据资源整合，探索构建互联互通、信息共享、运转高效的管理平台，全面提升河湖管理保护信息化水平。

（八）加强河长制经验做法的跟踪调研和总结交流

1. 搭建交流平台

各地要及时总结河长制工作开展情况，在省、市、县级层面定期开展交流研讨活动，形成可复制、可推广的经验做法。水利部太湖流域管理局牵头建立流域片河长制工作交流平台，在太湖网开设专栏动态交流各地好做法、好经验，每季度召开一次经验交流会或现场会，促进各地相互交流、互促互进。

2. 加强跟踪研究

各地要注重河长制落实情况的跟踪调研，深入一线，掌握第一手资料，不断分析和研究新情况、新问题，不断提炼好做法、好经验、好举措、好政策，丰富完善河长制体制机制。水利部太湖流域管理局采取领导分片联系，部门持续跟踪的方式，及时了解各地河长制实施情况，总结提炼不同地区不同河湖落实河长制的典型经验、特色做法，帮助各地协调解决重点难点问题，推动各地不断提升河长制工作水平。

3. 加强宣传引导

各地要充分利用报刊、广播、电视、网络、微博、微信、客户端等各种媒体和传播手段，大力宣传推行河长制的重要意义、成功经验和取得的实效。加强舆情监测，及时回应社会关切，主动引导社会舆论。

水利部太湖流域管理局邀请有关中央新闻媒体积极宣传报道流域片河长制的创新做法、先进经验、典型案例，积极向有关新闻媒体推荐新闻素材。组织开展"太湖杯"河长制知识竞赛、大学生暑期社会实践、志愿者公益宣传等群众喜闻乐见的活动，引导公众参与，扩大社会影响，凝聚各方力量，营造良好氛围。

二、强化督导检查和调研指导

根据《水利部全面推行河长制工作督导检查制度》（办建管函〔2017〕102号）要求，由水利部领导牵头、司局包省、流域包片，水利部直属有关单位参加，对责任区域内各省（自治区、直辖市）推行河长制工作进行督导检查。其中，流域机构需在2018年年底前对责任区域内各省（自治区、直辖市）进行六次督导检查。

水利部太湖流域管理局建立了局领导分片指导、业务部门对口联系、全局职工广泛参与的工作机制，由五位局领导分别明确流域片一个省（直辖市），定期开展对口的督导检查和调研指导。截至2018年6月，水利部太湖流域管理局已对太湖流域片五省市开展了四次督导检查和调研指导，根据不同时期的工作重点和流域片进展情况，有针对性地开展指导，有效推动了太湖流域片各地河长制工作。

2017年3月上旬，水利部太湖流域管理局对太湖流域片的浙江省、上海市、福建省全面推行河长制工作开展了第一次督导检查，同时对江苏省、安徽省黄山市全面推行河长制工作开展了第一次调研，重点围绕省级工作方案制定出台、组织体系建设、制度和措施建立等情况进行了深入指导，帮助地方全面开展河长制各项工作。

2017年5月下旬至6月初，水利部太湖流域管理局组织开展了第二次督导检查及调研，重点围绕省级以下工作方案制定出台、河长办建设与运行、制度建设、"一河一策"制定、六大任务落实等方面开展，逐步加大对基层的指导推进力度。

2017年11月下旬至12月初，水利部太湖流域管理局组织开展了第三次督导检查及调研，重点对照工作方案到位、组织体系和责任落实到位、相关制度和政策措施到位、监督检查和考核评估到位的"四个到位"要求进行了详细的检查指导，帮助地方查漏补缺，为太湖流域片各地在2017年年底全面建立河长制奠定了良好的基础。

2018年5月下旬，水利部太湖流域管理局组织开展了第四次督导检查及调研，重点检查各地湖长制工作落实以及河长制基础工作完善、河长履职、六大任务推进、专项行动开展等情况，指导地方加快建立湖长制体系，持续推进河长制长效机制建设。

水利部太湖流域管理局以督导检查和调研指导为抓手，主动服务，推动各地从"见河长"向"见行动""见成效"不断迈进，太湖流域片各地河长制工作持续推进，不断取得新的成效。

▶ 第二节 强化全流域协同推动 ◀

为进一步加强太湖流域片各地间的交流学习，强化全流域协调联动，水利部太湖流域管理局不断创新，搭建了流域性的交流学习平台，充分利用已有的流域性协商协作机制，多层次、全方位推动河长制各项工作，保障流域片河长制工作水平的整体提升和不断深化。

一、搭建交流互促平台

2017 年，水利部太湖流域管理局先后在江苏无锡、浙江绍兴、福建泉州组织召开了三次流域片河长制工作交流会，针对河长制工作不同阶段重点任务，策划安排典型经验交流，组织查看河长制工作现场，帮助各地相互学习、相互促进、共同提高，起到了良好的效果。

2017 年 3 月，水利部太湖流域管理局在河长制发源地无锡举办了流域片河长制工作培训班暨现场交流会，邀请水利部河长办领导作全国河长制工作辅导报告，水利部太湖流域管理局负责同志解读《关于推进太湖流域片率先全面建立河长制的指导意见》，五省（直辖市）河长办负责同志介绍各地全面推行河长制进展情况，还邀请浙江省长兴县、江苏省常州市金坛区直溪镇、苏州市姑苏区虎丘街道河长代表进行了典型交流发言。

2017 年 6 月，水利部太湖流域管理局在浙江省绍兴市组织召开了太湖流域片第二次河长制工作交流会，流域片五省（直辖市）河长办负责同志介绍了近阶段各地河长制工作情况，浙江省绍兴市、江苏省张家港市、上海市金山区、福建省大田县、安徽省黄山市以及绍兴市越城区西小路社区等不同类型、不同层级的河长交流了各自的经验做法。

2017 年 9 月，水利部太湖流域管理局在福建省泉州市永春县组织召开了太湖流域片第三次河长制工作交流会，在省、市、县、乡不同层级河长总结交流的基础上，进一步明确目标任务，查漏补缺，研究推进重点难点工作，为流域片率先全面建立河长制奠定了坚实的基础。

2018 年年初，流域片五省市河长制工作全部以高分顺利通过水利部、环境保护部组织的中期评估核查，五省市先后以不同形式宣布全面建立河长制，圆满完成了 2017 年年底前全面建立河长制的工作目标。

2018 年 4 月，水利部太湖流域管理局在上海市青浦区召开太湖流域片第四次河长制工作交流会，对流域片全面推行河长制工作进行阶段性总结，深入分析河长制湖长制工作新形势、新要求，研究部署今后一个时期工作重点任务和主攻方向，推动建立流域片河湖治理与保护长效机制，巩固提升河长制湖长制工作成效。

二、建立健全重点工作协商协作机制

（一）太湖流域水环境综合治理省部际联席会议以及太湖流域水环境综合治理水利工作协调小组

为积极应对无锡市供水危机，进一步加强太湖流域水污染治理，2008 年 5 月，国务院批复了《太湖流域水环境综合治理总体方案》，并建立了由国家发展和改革委员会牵头组建的太湖流域水环境综合治理省部际联席会议制度，负责统筹组织协调太湖流域水环境综合治理的各项工作。

为贯彻落实《太湖流域水环境综合治理总体方案》和太湖流域水环境综合治理省部际联席会议精神，水利部经商江苏省、浙江省、上海市人民政府同意，批复成立了太湖流域水环境综合治理水利工作协调小组,主要负责研究落实太湖流域水环境综合治理水利工作重点和目标任务,研究协调涉及省际间的重大问题。

自2008年以来,国家发展和改革委员会先后召开了六次联席会议,总结分析太湖流域水环境治理经验和成效,并研究部署下阶段太湖流域水环境治理工作。水利部和太湖流域两省一市先后召开了五次水利工作协调小组会议,将水利工作治理任务细化分解落实,对水源地保护、引江济太、节水减排、水质监测、蓝藻打捞合作机制研究、流域水功能区划、底泥疏浚、引排工程、河网整治、太湖管理条例立法等工作进行了具体部署。

在近十年来太湖流域经济总量增长1.5倍、人口增加1100多万的背景下,通过流域水环境综合治理,太湖湖泊富营养化趋势得到遏制,太湖水质稳中向好,水功能区水质达标率稳步提高,河网水环境质量得到明显改善,连续十年实现太湖"两个确保"的目标,流域供水安全得到有效保障,流域水环境治理工作取得了良好的成效。

(二)环太湖城市政府水利工作联席会议工作机制

2016年起,水利部太湖流域管理局会同江苏省水利厅、浙江省水利厅、上海市水务局及环太湖苏州、无锡、常州、嘉兴、湖州、青浦等市(区)人民政府建立环太湖城市政府水利工作联席会议工作机制。联席会议原则上每年召开一次,由水利部太湖流域管理局、苏州、无锡、常州、嘉兴、湖州、青浦等市(区)人民政府轮流承办。截至2017年年底,已经召开了两次联席会议,在会上通报流域综合治理与管理工作进展及工作计划,了解环太湖各城市水利工作情况、存在问题以及有关需求建议,共同研究涉及环太湖各城市的防洪、供水和水环境治理等需要上下游、左右岸、不同地区间相互协调的水利问题,通过加强流域与区域、区域与区域之间的沟通协作和信息共享,共同推进太湖流域综合治理与管理,特别是推进太湖水资源的开发、利用、节约和保护工作,有效促进团结治水,实现互利共赢。

(三)太浦河水资源保护协作机制

为贯彻落实太湖流域水环境综合治理省部际联席会议第六次会

议精神，2015 年 11 月，水利部太湖流域管理局会同太浦河沿线省、市、县三级水利、环保等部门，在江苏省苏州市吴江区召开了太浦河水资源保护协作座谈会，与江苏、浙江、上海等地方有关部门就建立太浦河水资源保护省际协作机制达成共识。2016 年，水利部太湖流域管理局进一步完善该协作机制，与江苏、浙江、上海有关部门协商建立了太浦河水资源保护联络员制度，及时将太浦闸调度调整情况和太浦河沿线干支流断面锑浓度监测结果通知各成员单位，督促有关单位加强太浦河区域污染防控，关注太浦河供水安全。2017 年 4 月，太湖流域水资源保护局与吴江区环保局、水利局进一步落实协作机制，三方就完善流域与区域合作机制、加强跨部门联动达成一致意见，共同签署了《太浦河吴江区域水资源保护和水污染防治工作合作方案》。同年 11 月，水利部太湖流域管理局在上海市青浦区组织召开了太浦河水资源保护省际协作机制第二次会议，总结协作机制建立以来的工作成效，研究进一步深化和完善协作机制，制定印发了《太浦河水资源保护省际协作机制——水质预警联动方案（试行）》。

太浦河水资源保护省际协作机制的建立加强了太浦河水资源保护工作力度，搭建了太浦河水资源保护省际协商平台，统筹安排了太浦河周边区域及各部门参与水资源保护，协作机制在太浦河水质监测预警、水污染事件应急联动、水源地供水安全保障及水资源保护规划编制等方面发挥了积极作用，进一步促进了经济发展与资源、环境保护相协调，实现了不同地区、不同利益群体的和谐发展。

（四）水葫芦防控协作机制

2017 年 11 月，水利部太湖流域管理局组织召开了太湖流域水葫芦防控工作座谈会，组织两省一市相关单位研究建立省际边界地区水葫芦防控工作协作机制，会后印发了《太湖流域水葫芦防控工作座谈会会议纪要》，初步建立了省际边界地区水葫芦防控工作协作机制。

在此基础上，2018 年 4 月，水利部太湖流域管理局在上海组织召开了流域省际地区水葫芦联合防控座谈会，研究进一步落实省际边界地区水葫芦防控工作协作机制，就如何充分发挥各级河长办组织协调作用，深化水葫芦防控协作机制进行了交流，印发《2018年太湖流域省际边界地区水葫芦防控工作方案》。会后，水利部太湖流域管理局联合江苏省、浙江省河长办、水利厅，上海市河长办、水务局，上海市绿化和市容管理局，苏州市、嘉兴市、青浦区、金山区河长办、水利（务）局等单位组成了防控工作联络组，将太湖流域苏沪、浙沪省际边界地区主要河湖作为水葫芦防控协作的重点区域，实时共享与通报这些重点区域的水葫芦防控信息，以加强上下游联合打捞工作。

太湖流域省际边界地区水葫芦防控协作机制的建立，有效促进了上下游水葫芦防控责任的落实，加强了省市间的沟通交流，实现了省际交界地区水葫芦防控信息的实时共享与通报，加大了拦截打捞工作力度，形成了上下游联动、流域共治的良好局面。

（五）太湖湖长协商协作机制

2018年11月13日，水利部太湖流域管理局联合江苏省、浙江省河长办在江苏宜兴召开太湖湖长协作会议，水利部副部长魏山忠，江苏、浙江省级太湖湖长等出席会议。会议审议通过太湖湖长协商协作机制规则，正式建立了太湖湖长协商协作机制。太湖湖长协商协作机制是我国首个跨省湖泊湖长高层次议事协调平台，是水利部太湖流域管理局贯彻习近平总书记关于长三角一体化发展战略部署的重要举措，积极助推流域湖长制工作的创新实践成果。机制的建立进一步凝聚了河湖治理和保护的合力，为深化河长制湖长制工作提供了新的思路和范例，将为流域各地乃至全国，特别是跨省跨区域湖泊实施湖长制提供示范借鉴。

太湖湖长协商协作机制作为太湖湖长制工作的补充和拓展，主要任务是加强太湖沿湖地区间、河湖长间的协调联动，统筹推进太湖、入湖河道和周边陆域的综合治理和管理保护，协调解决跨区域、跨部门的重大问题，确保太湖湖长制工作取得更大实效。机制设江苏、浙江省级太湖湖长和水利部太湖流域管理局主要负责人三位召集人，成员包括沿太湖省、市不同层级湖长、主要出入太湖河流的县（市、区）河长、太湖局和相关省市河长办人员，并在面积大、岸线长的江苏省河长办设办公室，由江苏省河长办会同浙江省河长办和太湖局共同负责日常工作。

三、多形式组织发动

（一）加大新闻媒体宣传力度

2017年2月，水利部太湖流域管理局在门户网站"太湖网"开设了河长制专栏，及时宣传报道太湖局和流域片各地河长制工作进展、政策文件、经验做法等工作动态。多次邀请中央主流媒体对太湖流域片河长制工作交流会进行深入报道，扩大社会影响。

2017年6月，水利部太湖流域管理局会同水利部宣传中心组织中央新闻媒体记者团对太湖流域片河长制工作进行深度报道，人民日报海外版、新华社、经济日报、央视新闻频道、人民网、新华网、中国水利报等中央媒体分赴浙江绍兴、上海青浦、江苏苏州等地，深入实地采访，切实感受太湖流域片各地河长制工作的进展成效和经验做法。

2017年12月，中宣部"新时代新气象新作为"大型主题采访活动将太湖流域片全面推行河长制工作作为中央国家机关入选的两个必选采访线索之一，水利部太湖流域管理局全力支持配合，人民日报、新华社、经济日报、中央电视台等媒体深入流域片采访报道河长制工作情况，引起了广泛关注和良好反响。

2018年3月，水利部太湖流域管理局组织开展流域片河长制典型案例征集，从不同角度、不同层面提炼可借鉴、可复制、可推广的工作模式和经验做法，树立典型，制作流域片河长制工作宣传册发放各地，加大宣传推广力度。

（二）举办"太湖杯"河长制知识网络竞赛

2017年6月，水利部太湖流域管理局联合流域片五省（直辖市）河长办成功举办了"太湖杯"河长制知识网络竞赛。网络竞赛通过文件通知及微信、QQ等多种形式，扩大知晓面，广泛发动各级河长制工作人员和社会公众参与竞赛答题，得到了社会各界的积极响应，包括政府机关工作人员、企事业单位职工、学校师生、热心群众等共计 26000 余人参与了竞赛答题，其中还有来自太湖流域片外 17 个省（自治区、直辖市）的热心群众参与了答题。通过网络知识竞赛的成功举办，在太湖流域片有效普及了河长制知识，提高了全社会对河湖管护工作的责任意识和参与意识，取得了良好的效果。

（三）组织开展大学生暑期调研实践

2017 年 7 月，水利部太湖流域管理局联合清华大学、河海大学等高校组织开展了太湖流域片河长制工作暑期调研实践活动。7 月至 8 月，参加实践活动的大学生共组成六支调研组，分赴流域片江苏、浙江、上海、福建、安徽等地开展河长制专题调研。通过采访河长、与河长办座谈研讨、与村民一对一问卷调查等方式，近距离了解流域片河长制工作情况，重点围绕河长制的比较制度分析、运行绩效评估、实施中的问题与经验、监督考核问责机制、河长制和社会参与、河长制和生态补偿、典型案例分析 7 个方面，深入挖掘太湖流域片河长制工作的主要做法和成功经验，推进河长制工作在高校的理论研究与基层实践有机结合。

（四）持续开展公益志愿服务

自 2017 年起，水利部太湖流域管理局持续组织开展"河长制"宣传志愿服务活动，精心制作河长制宣传牌，由局青年志愿者每周六在上海市科技馆向社会公众宣传河长制知识，仅 2017 年即累计开展了 20 余次宣传志愿服务活动。通过宣传志愿服务活动，更好地引导社会公众形成保护河湖生态环境的理念，鼓励社会公众共同参与河湖保护，营造出良好的治水护水爱水的社会氛围。

2017 年 12 月，水利部太湖流域管理局配合水利部文明办、水利部河长办、水利部新闻宣传中心在浙江绍兴举办"关爱山川河流·保护城市水体"志愿服务暨公益宣传活动，推动增强全社会的生态保护意识，形成有利于加强城市水体保护的良好氛围，鼓励当地群众为建设山青、水净、河畅、湖美、岸绿的美好家园贡献力量。

▶ 第三节　跨省河湖监督监测 ◀

　　河长制明确每一条河流、每一个湖泊都有协调、监管、保护机制，从而达到维护河湖健康生命、实现河湖功能永续利用的效果。一条河流或一个湖泊是否健康，一是是否有足够的水量来维系，二是是否有良好的水质来展现，因此水量水质监测信息就是河流、湖泊健康与否的一个重要的基础性信息。当前，河湖监测涉及水资源、水环境、水生态等方面的监测，注重量质同步监测和水环境全覆盖监测，监测数据可以帮助各级河（湖）长及河湖管理保护主管部门进一步摸清河湖基本情况，掌握水资源、水域空间、水环境、水生态等方面存在的问题，有针对性地提出河湖治理的目标、任务和措施。同时，河湖监测结果也为各级河长制工作考核监督提供了基础依据。

　　全国有众多河流湖泊跨省界，上下游一脉相承，系统治理极为复杂，责权利矛盾也最为尖锐。缺乏横向协同机制的省际界线，往往成为河湖工作的红线。流域水环境作为一种公共资源，具有生态系统的完整性和环境系统关联机制，不会因行政区的划分而改变其自然规律。流域内水资源的任何一部分受到污染，都可能破坏整个流域循环系统，从而呈现跨区域的特征。上游污染可以通过径流携带到下游地区，形成区际环境系统的恶性关联；如果上游地区进行合理的经济开发，改良了生态环境，就会优化中下游地区、相邻或相关区域的环境系统，形成区际环境系统的良性关联。因此，跨省河湖治理与保护需要从流域层面来统筹目标任务，监督监测工作对于落实跨省河湖河长制湖长制主要任务至关重要。《水利部 环境保护部贯彻落实〈关于全面推行河长制的意见〉实施方案》中明确流域管理机构在河长制工作中要发挥协调、指导、监督、监测等作用。监督性监测是流域管理机构的一项重要职能，流域管理机构监测数据是跨省河湖、省际边界河湖、主要入太湖河道河长制工作考核的重要数据支撑。以太湖流域为例，水利部太湖流域管理局在

《关于推进太湖流域片率先全面建立河长制的指导意见》中提出"各地要自上而下建立完备的河长制工作监督、检查和考核制度，出台相关规定及办法，明确监督和考核主体、方式、程序、内容和标准等，层层建立监督、检查和考核体系，落实责任，其中涉及跨省河湖、省际边界河湖、主要入太湖河道的考核应采用水利部太湖流域管理局监测数据。水利部太湖流域管理局重点开展对跨省河湖、省际边界河湖、主要入太湖河道河长制工作的监督检查，并将检查中发现的问题及时通报有关部门和相关河长"，从流域管理角度为助推地方河长制工作提供了有效抓手。

一、河湖监测现状

太湖流域经过多年的建设，水资源监测站网已经初步建成，监测能力明显提高。太湖流域已建监测站点（断面）范围涉及江苏省、浙江省及上海市，已开展监测水功能区 801 个（重要江河湖泊水功能区 378 个，省级其他水功能区 423 个），饮用水水源地 38 个，入河排污口 160 个，地下水 119 个，水生态监测站点 110 个，水质自动监测站 83 个，监测站网基本覆盖了流域内重要河流、湖泊、水库。监测内容包括水功能区、水源地、入河排污口、水生态，监测指标包括水质、水量及水生态等。流域和省（直辖市）监测中心、分中心实验室数量为 18 个，实验室面积 18373 平方米，仪器设备 762 台（套），实验室检测能力基本满足日常检测需求，部分实验室还具备了开展 109 项全指标检测能力。

（一）水功能区监测现状

太湖流域 803 个水功能区，已开展监测水功能区 801 个，水功能区监测覆盖率为 99.8%。其中重要江河湖泊水功能区 380 个，已开展监测的水功能区有 378 个，监测覆盖率为 99.5%，每月监测一次的水功能区有 226 个，水质监测项目主要为《地表水环境质量标准》（GB 3838—2002）基本项目 24 项，湖泊、水库增加叶绿素 a 与透明度项目，饮用水源保护区和饮用水源区增加硝酸盐、氯离子、硫酸根、铁、锰五项；省级其他水功能区有 423 个，已全部开展监测。

（二）省界监测现状

太湖流域省界水体包括江苏、浙江、上海和安徽四省（直辖市）的省界河流和湖泊，有 44 个省界缓冲区和 1 个调水保护区。省界缓冲区已开展监测 42 个，其中苏沪边界 7 个缓冲区、苏浙边界 16 个缓冲区、浙沪边界 18 个缓冲区、浙皖边界 1 个缓冲区。调水保护区 1 个，布设 4 个监测站点。

太湖流域省界水体监测工作由水利部太湖流域管理局负责，每月初定期开展量质同步的监测，并根据流域水情、工情变化适时加密监测频次，监测项目包括《地表水环境质量标准》确定的 24 项基本项目。

（三）饮用水水源地监测现状

规划范围内已开展监测饮用水水源地 38 个，由省（直辖市）水利、环保、城建多个部门共同负责和参与。其中环保、城建负责监测的水源地有 11 个，监测频次每月一次，监测指标包括《地表水环境质量标准》基本项目、特定项目；水利部门参与监测的水源地有 26 个，监测频次每月一次，监测指标基本覆盖 24 项基本项目、5 项补充项目和富营养项目。流域机构根据水源地安全保障需求，每年适时对列入全国重要饮用水水源地名录的水源地开展抽查监测，监测指标覆盖 109 项。同时，列入全国重要饮用水水源地名录水源地每月至少开展 2 次监测，每年定期开展特定项目的排查性监测，并在取水口附近实施了在线监测。

（四）入河排污口监测现状

规划范围内入河排污口 783 个，已开展监测入河排污口 160 个，其中江苏省 92 个，上海市 36 个，流域机构 32 个，监测覆盖率 20.4%。入河排污口监测主要由省（直辖市）地方单位承担，流域机构开展监督性监测，每季度监测一次。

（五）地下水监测现状

太湖流域已开展监测的地下水监测站点 119 个，其中江苏省 43 个，上海市 76 个。地下水监测工作主要由省（直辖市）地方单位承担。

（六）水生态监测现状

太湖流域水生态监测工作尚处于起步阶段，已开展水生态监测河湖（库）19 个，包括太湖、太浦河、望虞河、横山水库、滆湖、洮湖、钱资荡、横山水库、沙河水库、大溪水库、洋湖、横塘湖、前湖、中后湖、澄湘湖、上下湖、蛟塘湖、滴水湖、淀山湖，布设监测站点 110 个，其中江苏省 41 个，浙江省 3 个，上海市 20 个，流域机构 46 个，详见表 4 - 2、表 4 - 3。

表 4 - 2　　　　　　太湖流域水功能区监测现状统计表

管理单位	重要江河湖泊水功能区			省级其他水功能区			合　计		
	总数/个	已监测数量/个	未监测数量/个	总数/个	已监测数量/个	未监测数量/个	总数/个	已监测数量/个	未监测数量/个
江苏省	126	126	0	262	262	0	388	388	0
浙江省	99	99	0	161	161	0	260	260	0
上海市	76	76	0	0	0	0	76	76	0
流域机构	79	77	2	0	0	0	79	77	2
合计	380	378	2	423	423	0	803	801	2

表 4 - 3　　　　　　太湖流域监测现状统计表

管理单位	监测功能/个						监测能力现状				
	水功能区	省界	水源地	入河排污口	地下水	水生态	自动站	实验室数量/个	实验室面积/m²	仪器设备/台、套	监测队伍/人
江苏省	388		19	92	43	41	23	4	4568	179	62
浙江省	260		16			3		4	2115	95	43
上海市	76		3	36	76	20	40	8	6680	320	158
流域机构	77	42		32		46	20	2	5010	168	71
合计	801	42	38	160	119	110	83	18	18373	762	334

二、存在问题分析

（一）现有监测站网体系不完善，尚未形成统一的水资源保护监测体系

经过多年建设，流域水资源保护监测站网体系已初步形成，监

测工作覆盖水功能区、省际边界、饮用水水源地、入河排污口、地下水及水生态，但目前监测仍以水功能区监测为重心，监测站点功能和用途单一，主要以掌握地表水资源质量功能为主，入河排污口、地下水监测还相对薄弱，水生态监测工作推进较慢。水利行业内部，以及与环保部门之间还存在监测站点重复、监测内容重复的问题，尚未形成统一的水资源保护监测体系。

（二）监测能力不足，无法满足新形势下水资源保护要求

常规检测仪器配置差、效率低，部分仪表超年限使用；有毒有机、重金属、水生态等大型检测分析仪配备少，应急监测能力不足。检测分析手段仍以人工为主，自动监测、在线监测水平较低，信息化水平不高。实验室用房面积不足，基础设备老化或超年限使用。监测队伍人员数量不足、结构不合理，高素质人才匮乏。

（三）信息共享程度低，尚未形成有效的信息共享机制

目前水资源数据大多储存在各基层水利单位，数据序列不完整、格式不统一，开发利用不充分，信息存储交换共享困难，整合难度大，没有形成可以共享的公共资源；太湖流域水利、环保等部门通过人工监测、自动监测等系统获得了大量水文、水资源、水环境监测信息，主要局限在本系统、本部门应用，难以满足各级政府和全社会对水资源数据的共享需求。

三、夯实监测能力

太湖流域位于长江三角洲核心区域，经济发达，人口集中，大中城市密集，流域独特的平原河网为流域经济社会发展提供了良好的水利条件，也决定了流域防洪、水资源、水生态环境等问题的复杂性、艰巨性和长期性。为破解流域治理与管理突出问题，水利部太湖流域管理局以"智慧太湖"建设为引领，以保障流域防洪安全、供水安全和水生态安全为核心，以建立权威高效科学的流域综合管理需求为导向，以改革创新为动力，针对流域治理管理中的薄弱环节与突出问题，进一步增强流域防洪和水资源调控能力，加快完善流域信息基础设施建设，创新流域综合管理方式，推进"互联网＋"、云计算、大数据分析等新一代信息技术应用，实现流域水利智慧式的管理和服务，促进太湖流域率先实现水利现代化。

"智慧太湖"建设的总体目标是：通过先进的传感和监测技术，实现各类水信息的全面实时感知；建成整合的太湖流域多业务融合通信网络，实现网络全面互联和信息实时共享；通过先进的控制方法以及先进的决策支持系统，实现高度智能的调度和业务协同，最终实现"实时感知水信息、准确把握水问题、深入认识水规律、高效运筹水资源、有力保障水安全"的"智慧太湖"建设目标，为形成与流域经济社会发展相适应、与涉水行业发展相协调的流域综合治理和管理格局提供强大的支撑。

"智慧太湖"总体目标分为五个层次。

（一）实时感知水信息

建立健全太湖流域水信息感知共建共享机制，实现对太湖流域水信息的实时感知、全面互联，提高水情、雨情、工情、灾情、旱情等水信息要素的测报能力，形成"智慧太湖"水信息实时感知体系。

通过改造、新建、整合等方式，与流域内省市共同建成布局合理、满足流域防汛、水资源管理、调度与保护业务需要的水信息感知站网布局，完善连接水利部、四省一市水行政主管部门、流域内地市级以上水行政主管部门、水文及信息化部门以及信息感知点的多业务融合的、高性能的、可管理的、安全可靠的数据传输网络平台，为水信息感知、业务协同、信息服务提供网络支撑。实现重点水功能区、主要省界河道监测断面、主要出入太湖河流水质水量信息实时感知、在线监测的全覆盖，实现环太湖重要口门工程信息和流域主要引供水河道的重要口门工程信息在线监测全覆盖，实现以上水利工程的智能调控，支撑水资源调控体系、供水安全保障体系、水生态安全体系和水资源综合管理体系的加快形成。

（二）准确把脉水问题

建立实时感知信息共享交换、智能处理平台，实现对太湖流域水问题的及时发现、精准定位，提高对流域"水多、水少、水脏"

等问题的准确把脉能力，形成"智慧太湖"突发事件快速反应体系。

加强水信息资源的开发和利用，构建针对太湖流域水问题的快速识别、精准定位和自动预警技术平台。针对流域防洪、水资源调控、水生态环境保护等问题的复杂性、艰巨性和长期性，在流域水信息感知的基础上，辅以必要的人工巡（监）测手段，加强对洪水、台风、风暴潮、水污染等灾害和突发事件的现场监测，显著提升流域灾情和突发事件反应速度，为应急调度和协同指挥提供高效的决策依据。

（三）深入研究水规律

通过导入强大的业务智能（BI）技术和丰富的模型库，加强对太湖流域水规律的系统分析、研究发掘。

建成"智慧太湖"云计算中心和业务智能平台、模拟仿真系统，提高信息组织管理和处理的技术水平。构建完善的太湖流域水资源预测预报模型库，提高模型计算精度和运行效率。基于全面、及时、完整、准确的太湖流域水信息"大数据"，结合环保、气象、国土、测绘、农林渔、海洋等行业和社会经济信息的共享，深入分析发掘水的变化规律，探求其中的趋势性、关联性和系统性因素，形成太湖流域水规律知识库，有效支撑相关领导和专业技术人员快速识别、深入洞察其中的趋势和规律，为科学高效运筹水资源提供技术支撑。

（四）高效运筹水资源

依托全方位的水信息感知和对水规律的深入认识，实现对太湖流域水资源的科学调度、高效配置。

准确把握流域经济社会发展水资源需求，科学预测预报预警流域汛情、旱情和水生态环境状况，通过对不同工况下的不同调度方案的模拟、仿真和评估，研究制定优化的调度方案，科学调度流域水利工程，促进河湖联通和水体有序流动，促进水资源的优化配置，实现水资源的高效利用。

（五）有力保障水安全

基于有线无线融合、安全接入的无边界网络和统一的通信平台，形成随时随地、便捷高效的协同工作体验和综合管理模式，满足实时感知、调度会商、现场指挥、远程协同等多种业务需求，促进流域综合管理。

通过实时感知水信息，准确把脉水问题，深入研究水规律，高效运筹水资源，全面统筹流域防洪、供水和水生态环境改善等方面的需求，进一步强化流域综合管理，有力保障流域水安全，推进水利工作从"管理型"向"管理服务型"转变，支撑和服务流域经济社会发展。

作为"智慧太湖"建设的重要内容，太湖流域水资源监控与保护预警系统是打捆列入国务院确定的 172 项节水供水重大水利工程项目之一，于 2016 年启动。

项目建设的总体目标是：

（1）按照《中华人民共和国水法》《太湖流域管理条例》和实行最严格的水资源管理制度，依据《太湖流域水环境综合治理总体方案》（2013 年修编）确定的目标和建设任务，计划利用 3 年时间，在充分利用太湖流域水利信息化基础设施和已有成果的基础上，通过在线监测、人工巡测相结合，实现对太湖湖体水质、蓝藻信息和环太湖主要出入湖河道、省际边界河湖、流域性引供水河道的水量、水质信息的实时监测与预警，形成布局合理、满足现阶段水资源管理与保护业务需要的水资源监测站网布局；对流域性引供水河道和环太湖主要水利工程运行情况的远程监视。基本建立流域水资源监控体系，大幅提高流域水资源管理、保护与调度的信息化水平，增强落实最严格的水资源管理制度、"三条红线"监督考核能力。

（2）进一步完善流域数据中心建设，在数据中心现有数据资源的基础上，对数据内容进行补充，优化数据结构，完善设计数据存储备份管理；构建国家级流域水资源水环境信息共享平台，完善数据接收处理系统、信息发布与服务系统、数据资源管理平台，开发信息共享交换系统，在省市水环境共享平台建设的基础上，实现太湖流域与相关部门水资源、水环境信息的共享与交换，有效提升流域水资源信息服务能力和利用效率。

（3）建设和完善预警中心机房相关配套设施、预警中心系统软硬件运行环境、数据中心异地容灾备份系统和应用系统；完善预警模型，开发水资源监控与保护预警决策支持系统，为流域水环境综合治理、水资源保护以及流域水资源优化配置和调度等提供基础数据和决策依据，提高水资源、水环境对流域经济社会可持续发展的服务保障能力。

项目建设的具体目标是：

（1）水量、水质信息采集系统：为全面落实《中华人民共和国水法》和《国务院办公厅关于印发实行最严格水资源管理制度考核办法的通知》（国办发〔2013〕2号）中水利部门对水功能区监测、管理和考核的职责，加强对水功能区的水质、水量动态监测，进行达标考核，推进《太湖流域管理条例》贯彻实施，在现有站网布局的基础上，围绕水资源管理与保护、流域防洪与供水安全、流域水资源优化配置等工作的实际需要，进一步优化和完善站网布局，基本形成在线监测为主、人工监测为辅，固定点监测与移动监测相结合的水资源、水环境监测体系。实现省际边界河湖、环太湖主要出入湖河道、流域性引供水河道等的水量、水质信息的实时监测与预警，实现控制省界交换水量70%、入太湖水量和污染物80%、流域河道内重要取水户取水控制断面在线监测，满足《太湖流域管理条例》及近阶段"三条红线"考核要求。

（2）工程信息监测系统：监测重要口门的工程信息。按照《太湖流域管理条例》和水利部太湖流域管理局关于环太湖大堤及主要河道和控制性建筑物管理方案的有关要求，对太湖水量水质影响较大的、关系流域防洪与供水安全和流域水资源优化配置的口门实施在线监测，实现流域机构目前应负责监控的"一湖两河"重要口门工程运行状况的实时监测，达到环太湖4米及以上的重要口门工程信息在线监测覆盖率30%以上，望虞河、太浦河重要口门工程信息在线监测全覆盖；每5分钟收集一次水位及闸位信息的实时监测能力。初步建立满足流域水资源配置、防洪调度、供水调度、水生态调度、应急调度相统一的监视、监测、监控调度管理体系，有效控制污染物入湖。

（3）通信传输网络系统：建设系统数据通信网络。通过系统建设，形成连接水利部、两省一市水利主管部门、预警中心、水量水质信息采集分中心、工程信息监测分中心、水量水质自动监测站、工程信息监测站的三级通信网络，为各类信息采集、数据共享与交换、视频会商等应用提供安全、可靠、稳定的传输通道。

（4）流域水环境信息共享平台：建设流域水资源、水环境信息共享与交换的技术平台。通过本项目建设，整合流域和省市常规监测、自动监测和应急监测的各类水资源、水环境信息，实现流域内水量、水质、污染源等水环境信息的共享，使流域内环保、气象、渔业等部门和两省一市相关部门能够实时掌握流域重要水体和控制区域（点）的水资源、水环境状况，为太湖流域水环境综合治理、贯彻落实《太湖流域管理条例》有关要求提供及时高效的水资源、水环境综合信息服务。

（5）水资源监控与保护预警中心：建设系统运行的基础环境和主要业务应用平台。通过本项目建设，补充完善太湖流域相关模型，实时获取水资源管理业务相关信息，在模型系统的支持下，进行实时决策分析、召开异地视频会议、实时发布并执行决策结果，提高流域水资源实时监控能力、预警能力、水资源配置调度能力和决策支持能力，提升流域水资源管理效能，为流域水环境综合治理目标的实现和落实《太湖流域管理条例》的要求提供有效的信息支撑和决策支持。

通过"智慧太湖"以及水资源监控与保护预警系统建设，对于提高太湖流域水资源统一调度和管理信息化水平，提升流域水资源监测、调控能力，保障流域防洪、供水和水生态安全具有十分重要意义。

四、助力河长制

实行河长制，对保护江河湖泊具有现实和深远意义。流域管理机构作为跨省河湖管理保护的重要力量，必须与时俱进，全面提高监测水平和能力，研究河湖健康状况，在保护水资源、防治水污染、改善水环境、修复水生态方面真正起到技术支撑作用，积极助推太湖流域片各地河长制工作向纵深发展。

（一）加强省际边界河湖监测

切实做好苏沪、苏浙、浙沪、浙皖、浙闽省界断面监测，并将有关情况及时通报有关部门和相关河长。

（二）加强环太湖主要入湖河道监测

根据《太湖流域管理条例》，进一步加强环太湖22条主要入湖河道的水质监测，对于明显不符合入湖河道控制断面水质要求和浙江省剿灭"劣Ⅴ类"水体的入湖河道进行重点监督监测。

（三）加强排污口监测

对"一湖两河"（太湖、望虞河和太浦河）沿线和省界缓冲区范围内规模以上59个排污口开展监督监测，每季度开展一次，并重点加强太浦河沿线印染纺织企业排污口调查监测。

（四）加强重点水功能区监测

对国务院批复太湖流域的380个水功能区中的81个水功能区开展监督监测，每年对地方水利部门开展的其余重点水功能区监测断面选取一定的比例进行监督监测。

（五）开展省界湖泊水生态监测

重点加强太湖、淀山湖、千岛湖等湖泊的水生态监测。水生态监测覆盖了浮游植物、浮游动物、底栖动物、水生植物和鱼类五大类常用水生态指标，同时利用已建的蓝藻图像监视站和遥感卫片，从空中到地面立体式地推进太湖水生态监测工作。

（六）开展重要河湖健康评估

对重要河湖水量水质监测、河势变化等内容进行分析，防止过度开发破坏河湖生态，定期对河湖健康状况进行评估，发布公报，加大社会公众对重要河湖管理的关注度。

（七）加强对地方水质监测工作的指导监督

对省市水利水质监测工作进行全过程监督和指导，促进水质监测工作的规范化、标准化，有效提升监测水平、成果质量。

第五章

河长制湖长制实施效果评价

　　开展河长制湖长制实施效果评价是检验河长制湖长制工作成效的有效手段。为进一步助推太湖流域片河长制湖长制工作取得成效，指导各地做好河长制湖长制考核评价等工作，水利部太湖流域管理局梳理了中央、水利部等有关部委及流域片各省（直辖市）关于河长制湖长制工作的总体要求，开展了广泛调研，进行了咨询座谈，结合流域片河湖特点及管理保护要求，依据相关标准和规程规范，围绕建立完善长效机制、落实主要任务、公众参与、激励与约束等方面制定了太湖流域片河长制湖长制考核评价指标体系指南。

　　一是适应流域片河长制湖长制工作形势的需要。当前，太湖流域片各地积极践行绿色发展理念，深化推进河长制湖长制，在完善组织体系、健全工作机制、落实治理任务上积极探索、勇于创新，河长制湖长制工作取得显著成效。全面建立河长制中期评估，重点围绕河长制体系建立进行了评估，流域片属于河长制先行先试地区，按照率先全面科学规范的要求同步推进"见河长""见行动""见成效"，各地积极开展河湖治理专项行动，深入推进河长制主要任务，有必要针对巩固工作机制、落实主要任务、激励探索创新等不同阶段的重点任务研究考核评价指标，积极发挥考核"指挥棒"作用，引导推进流域片河长制湖长制工作向纵深发展。

　　二是规范河长制湖长制体系建设的需要。《关于全面推行河长制的意见》《关于在湖泊实施湖长制的指导意见》要求根据不同河湖存在的主要问题，实行差异化绩效评价考核，考核结果作为地方党政领导干部综合考核评价的重要依据。严格的监督检查和科学的考核评估，是检验河长制湖长制工作成效的有效手段，是全面推行河长制湖长制工作的关键环节。考核评估是否到位，也是衡量全面建立河长制"四个到位"的要求之一。研究建立科学有效的评价指标体系，有助于进一步落实河长制湖长制关于强化考核问责工作要求，为开展河长制湖长制考核提供了基础依据，有力提升河长制湖长制工作规范化、科学化水平。

三是促进各级河长湖长积极履职的需要。《关于全面推行河长制的意见》《关于在湖泊实施湖长制的指导意见》明确了各级河长湖长负责组织领导相应河湖的管理和保护工作，各级各地区就河长巡河、议事协调、监督问效建立健全工作机制。通过构建科学的河长制湖长制考核评价指标体系，有助于进一步落实河长湖长责任，促进各级河长湖长积极投身河湖管理与保护，聚焦河湖突出问题，推动建立部门协调联动机制，督促处理和解决责任水域出现的问题、依法查处相关违法行为，更加关切人民群众对河湖生态环境改善的需求。在河长湖长履职要求更加明确的基础上，加强考核结果运用，建立健全河湖管理保护监督考核和责任追究制度，将有效保障河长制湖长制各项任务落到实处。

四是确保河湖治理取得实效的需要。体系建立是河长制湖长制工作的第一步，其根本目标是为了改善河湖生态环境，维护河湖健康生命。《关于全面推行河长制的意见》《关于在湖泊实施湖长制的指导意见》明确提出了河长制湖长制主要任务。围绕水资源保护、河湖水域岸线管理保护、水污染防治、水环境治理、水生态修复、执法监管等方面，应找准现状突出问题，明确目标任务和治理措施。通过构建河长制湖长制考核评价指标体系，科学设置水资源、河湖水域岸线、水环境、水生态考核评价目标，有助于引导各地加快推进河长制湖长制主要任务落实，鼓励创新技术手段，确保河湖治理取得实效。

▶ 第一节　评价指标体系 ◀

一、总体思路

贯彻落实中央、水利部及流域片各省（直辖市）河长制湖长制工作部署和要求，结合流域片河湖特点及河长制湖长制工作实际，围绕建立完善长效机制、落实主要任务、公众参与、激励与约束等方面构建评价指标体系，重点突出行动成效，反映不同阶段不同重点任务的工作要求，并与国家已有涉水考核相衔接，力求满足不同地区不同层次考核评价工作需求，促进流域片河长制湖长制工作规范化、科学化。

（一）全面落实工作要求

全面贯彻落实中共中央办公厅、国务院办公厅《关于全面推行河长制的意见》《关于在湖泊实施湖长制的指导意见》和水利部、环境保护部《贯彻落实〈关于全面推行河长制的意见〉实施方案》、水利部《贯彻落实〈关于在湖泊实施湖长制的指导意见〉的通知》、水利部太湖流域管理局《关于推进太湖流域片率先全面建立河长制的指导意见》，流域片各省（直辖市）河长制湖长制工作方案等有关工作要求。

（二）体现河流湖泊特色

统筹考虑河流湖泊水体特性和治理规律，突出河流湖泊治理重点，细化分解河长制和湖长制工作任务，分别提出河长制和湖长制考核评价指标体系，确保河湖管理与保护的整体性、系统性。

（三）重点突出行动成效

结合流域片河长制湖长制工作先发优势，充分反映河长制湖长制机制建设、任务落实等方面特色工作内容。落实全面推行河长制"见河长、见行动、见成效"三个阶段工作要求。在巩固完善河长制湖长制体系基础上，重点突出"见行动""见成效"内容，推进河长制湖长制各项任务尽快落地见效。

（四）衔接已有关联考核

与国家最严格水资源管理制度、水污染防治行动计划等有关考核相衔接，选用其中与水资源保护、水污染防治、水环境治理、水生态修复等紧密相关的指标。相关指标已有明确考核目标的，依据相关考核目标设置评价标准。

（五）建立多元评价指标

通过设置赋分及赋分权重，反映河长制湖长制相关任务的差异化工作要求。通过设置激励加分项，鼓励各地结合实际开展河长制湖长制工作的创新实践。通过设置惩罚扣分项，督促各地充分重视河长制湖长制重点工作。通过设置约束性指标，着力解决突出问题。

（六）力求满足不同需求

按照河长制湖长制工作的目标要求，指标内容尽可能涵盖当前河长制湖长制工作的各个方面，力求较为全面地反映河长制湖长制成效、目标实现程度和地区特色。各地可结合本地实际选取、细化、丰富特色评价指标，调整优化赋分权重，以满足对不同行政区、河长湖长等考核评价的需求。

二、基本原则

（一）坚持系统评价与突出特色相结合

考核评价指标体系力求全面、系统地反映河长制湖长制工作情况，同时，又努力反映流域片各地河长制湖长制工作特色，力求具备代表性，并针对流域片不同区域河湖特点，设置考核评价指标。

（二）坚持宏观把控与微观量化相结合

根据中央、水利部等有关部委及流域片各省（直辖市）河长制湖长制工作要求，宏观上全面构建考核评价指标体系，微观上具体考核评价指标考虑调查、测评、统计的可行性，所设指标便于量化，数据便于采集和计算。

（三）坚持客观评价与公众体验相结合

考核评价指标体系既对河长制湖长制工作进展情况等进行量化分析评价，同时又注重人民群众对于河长制湖长制工作的切身感受，以及对河湖生态环境改善的满意度等。

三、指标体系框架

指标体系分为河长制考核评价指标体系和湖长制考核评价指标体系两大部分。

（一）河长制考核评价指标体系

河长制考核评价指标体系主要包括建立完善长效机制、落实主要任务、公众参与、激励与约束 4 个方面，共设置 3 层。第 1 层为目标层，表征指标为太湖流域片河长制工作成效。第 2 层为准则层，共设置 4 方面评价内容。第 3 层为指标层，进一步细化准则层的各项内容，共设置 84 项评价指标。

（二）湖长制考核评价指标体系

湖长制考核评价指标体系主要包括建立健全湖长制工作机制、落实主要任务、公众参与、激励与约束 4 个方面，共设置 3 层。第 1 层为目标层，表征指标为太湖流域片湖长制工作成效。第 2 层为准则层，共设置 4 方面评价内容。第 3 层为指标层，进一步细化准则层的各项内容，共设置 83 项评价指标。

四、评价方法

采用定量与定性相结合的方法，以定量评价为主。根据河长制湖长制工作任务及要求，将需要评价的内容细化分解为若干单项评价指标，根据每项指标工作进展情况和工作成效进行赋分，所有得分合计为评价总分值。本指标体系采用千分制计分，并设置激励加分项、惩罚扣分项及约束性指标，量化反映各地工作进展及成效，并力求体现考核评价结果的差异性，各项考核评价内容及指标分值分别见表 5-1、表 5-2。

表 5-1　　太湖流域片河长制考核评价指标体系表

序号	准则层		指标层	
	评价内容	分值	评价指标	分值
1	建立完善长效机制	200	河长体系完善	10
2			河长制公示牌更新维护	5
3			河长责任落实	25
4			河长办责任落实	15
5			"一河一档"建立	10
6			"一河一策"编制	25
7			河长制制度落实情况	30
8			河长制管理信息系统	25
9			河湖管护体制机制	15
10			资金保障落实	10
11			河长制宣传教育	15
12			流域区域协作交流	15

序号	准则层			指标层	
	评价内容	分值		评价指标	分值
13	加强水资源保护	130		全面推进节水型社会建设	50
14				用水总量控制①	10
15				万元国内生产总值用水量降幅①	5
16				万元工业增加值用水量降幅①	5
17				农田灌溉水有效利用系数①	5
18				水功能区水质①	15
19				入河湖排污口管理	20
20				饮用水水源保护区划定	5
21				集中式饮用水水源地达标	15
22	加强河湖水域岸线管理保护	100		重要河湖岸线利用管理规划编制及审批	20
23				河湖管理范围划界确权	20
24				水面率管控	20
25				涉水项目管理	30
26				河湖生态护岸比例	10
27	加强水污染防治	100		工业污染防治	10
28				城镇污染治理②	20
29				畜禽养殖污染防治②	10
30				船舶污染治理②	10
31				港口污染控制②	10
32				水产养殖污染治理	10
33				农业面源污染治理	10
34				地表水水质优良比例和劣Ⅴ类水体控制比例②	20
35	加强水环境治理	100		水环境风险评估排查、预警预报与响应机制	10
36				地级以及以上城市建成区黑臭河道控制比例②	20
37				农村生活污水处理②	15
38				农村卫生厕所建设和改造	10
39				农村生活垃圾处理②	15
40				农村饮用水安全	30
41	加强水生态修复	120		退田还湖还湿、退渔还湖	10
42				河湖水系连通	10
43				生态清淤和河道疏浚	10
44				入湖河道生态修复	20
45				河湖生态水量（流量、水位）	15
46				水生生物资源养护、水生生物多样性	5
47				河湖健康评价	10
48				重要河湖纳入生态保护红线管理	10
49				生态清洁小流域建设	10
50				水土流失预防监督和综合整治	20
51	加强执法监管	100		部门联合执法	20
52				行政执法与刑事司法衔接	20
53				河湖日常监管巡查	30
54				落实河湖管理保护执法监管责任主体	30

※此处"落实主要任务"为左侧纵排文字，跨序号13—54

129

续表

序号	准则层		指标层	
	评价内容	分值	评价指标	分值
55	公众参与	50	问卷调查	20
56			举报投诉及处理情况	15
57			处理结果反馈情况	15
58	激励与约束	激励加分	100	河长体系创新	5
59				河长制公示牌创新	5
60				河长制法规制度创新	15
61				机构能力建设创新	15
62				河湖治理专项行动	15
63				科技创新	10
64				水面率增加	10
65				建立补偿激励机制	10
66				多规合一	10
67				经验推广	5
68		惩罚扣分	不设上限	入河湖排污口管理不力	不设上限
69				饮用水水源保护区管理不力	不设上限
70				工业污染防治不力	不设上限
71				船舶污染治理不力	不设上限
72				水产养殖污染治理不力	不设上限
73				入湖河道整治不力	不设上限
74				打击涉河湖违法行为不力	不设上限
75				媒体曝光整改落实不力	不设上限
76		约束性指标		存在报送考核评价数据弄虚作假	
77				以任何形式围湖造地、造田，违法围垦河道	
78				重要饮用水水源地发生水污染事件应对不力，严重影响供水安全	
79				违法侵占河湖水域	
80				不执行水量调度计划，情节严重	
81				未严格执行节水"三同时"管理制度	
82				被中央环保督察发现河湖管理存在严重问题	
83				对明察暗访反映问题整改不力	
84				被省级及以上主流媒体曝光2次及以上	
合计			1000	

① 该项指标参照最严格水资源管理制度考核结果。

② 该项指标参照水污染防治行动计划考核结果。

表 5－2　　　太湖流域片湖长制考核评价指标体系表

序号	准则层			指标层	
	评价内容	分值		评价指标	分值
1				建立湖长体系	15
2				湖长制公示牌更新维护	5
3				湖长责任落实	25
4				湖长制工作机构及责任落实	10
5	建立健全湖长制工作机制	200		"一湖一档"建立	10
6				"一湖一策"编制	30
7				湖长制制度落实情况	20
8				湖长制管理信息系统	25
9				湖泊管护体制机制	20
10				资金保障落实	10
11				湖长制宣传教育	15
12				流域区域协作交流	15
13		严格湖泊水域空间管控	120	湖泊管理范围划界确权	30
14				严格控制开发利用行为	20
15				湖泊水域面积管控	20
16				严格控制围网养殖	10
17				涉湖项目管理	30
18				重要湖泊纳入生态保护红线管理	10
19		强化湖泊岸线管理保护	100	湖泊岸线控制线	20
20				湖泊岸线功能分区	15
21	落实主要任务			湖泊岸线开发利用度	25
22				湖泊岸线自然形态	20
23				推进多规合一	20
24		加强湖泊水资源保护和水污染防治	170	湖泊取用水节水管理	15
25				沿湖地区用水管理①	25
26				湖泊取水总量控制	5
27				湖泊取水许可监督管理	10
28				湖泊生态水位（水量）	10
29				入湖排污口管理	20
30				入湖污染物总量管理	10
31				水功能区水质	20
32				工业污染防治	10
33				城镇污染治理②	15
34				养殖污染防治②	10
35				农业面源污染治理②	10
36				农村生活污水及生活垃圾处理②	10

续表

序号	准则层			指标层	
	评价内容	分值		评价指标	分值
37	落实主要任务	加大湖泊水环境综合整治力度	100	黑臭水体控制比例②	20
38				生态清洁小流域建设	20
39				湖泊生态清淤	10
40				入湖河道整治	20
41				加大湖泊引排水	10
42				湖泊饮用水水源保护区划定	5
43				湖泊饮用水水源地达标及规范化建设	15
44		开展湖泊生态治理与修复	80	退田还湖还湿、退渔还湖	15
45				河湖水系连通	10
46				湖泊生态护岸比例	20
47				沿湖湿地建设	15
48				水生生物资源养护、水生生物多样性	10
49				湖泊健康评价	10
50		健全湖泊执法监管机制	80	部门联合执法	20
51				行政执法与刑事司法衔接	20
52				湖泊日常监管巡查	25
53				落实湖泊管理保护执法监管责任主体	15
54		公众参与	50	问卷调查	20
55				举报投诉及处理情况	15
56				处理结果反馈情况	15
57	激励与约束	激励加分	100	湖长制体系建设	10
58				湖长制机制创新	10
59				湖长制法规创新	15
60				机构能力建设创新	10
61				编制湖泊保护专项规划	10
62				湖泊治理科技创新	10
63				水库纳入湖长制管理	15
64				建立补偿激励机制	10
65				经验推广	10
66		惩罚扣分	不设上限	相关规划未开展规划环评	不设上限
67				打击涉湖违法行为不力	不设上限
68				入湖排污口管理不力	不设上限
69				入湖污染物总量管理不力	不设上限
70				工业污染防治不力	不设上限
71				水产养殖污染治理不力	不设上限
72				入湖河道整治不力	不设上限
73				湖泊饮用水水源保护区管理不力	不设上限
74				媒体曝光整改落实不力	不设上限

序号	准则层		指 标 层	
	评价内容	分值	评 价 指 标	分值
75	激励与约束	约束性指标	存在报送考核评价数据弄虚作假	
76			以任何形式围湖造地、造田	
77			湖泊重要饮用水水源地发生水污染事件应对不力，严重影响供水安全	
78			违法占用湖泊水域	
79			不执行水量调度计划，情节严重	
80			未严格执行节水"三同时"管理制度	
81			被中央环保督察发现湖泊管理存在严重问题	
82			对明察暗访反映问题整改不力	
83			被省级及以上主流媒体曝光2次及以上	
合计			1000	

① 该项指标参照最严格水资源管理制度考核结果。

② 该项指标参照水污染防治行动计划考核结果。

（一）千分制

河长制湖长制工作任务涵盖范围广，考核评价涉及河长制湖长制建立完善工作机制、落实主要任务、公众参与以及激励与约束等方面，并针对不同类型任务指标进一步分解细化评价内容，部分评价指标根据工作完成程度设置多种赋分情形。考虑评价内容较多较细，为便于更准确地评价赋分计算，采用千分制计分。

（二）激励加分

流域片各地在河长制湖长制体系建立、落实河湖管理保护任务等工作中积极探索创新，有力推动工作。为激励河长制湖长制工作继续探索创新、丰富内涵、形成特色，针对河长制湖长制中提高要求或标准、创新方式方法并取得显著成效的工作设置激励加分指标，引导各地勇于创新，不断提升河长制湖长制工作成效。

（三）惩罚扣分

针对河长制湖长制有关基础工作薄弱、重点任务落实不力、成效差以及涉河湖违法违规行为等内容，设置惩罚扣分指标，督促各地切实重视并大力推进河长制湖长制长效机制构建、河湖管理保护重点工作和社会关注较高的工作任务。

（四）约束性指标

为推动河湖管理保护突出问题得到切实解决，结合最严格水资源管理制度考核和水污染防治行动计划实施情况考核要求，针对考核评价数据弄虚作假、围湖造地造田或违法围垦河道、重要饮用水水源地污染事件应对不力、监督检查发现严重问题等方面，设置部分约束性指标。约束性指标情况将直接影响考核评价能否合格或获得何种考核等次。

五、赋分标准和说明

（一）河长制考核评价指标体系

1. 建立完善长效机制

建立完善长效机制评价指标赋分说明详见表5-3。

2. 落实主要任务

（1）加强水资源保护。

加强水资源保护评价指标赋分说明详见表5-4。

（2）加强河湖水域岸线管理保护。

加强河湖水域岸线管理保护评价指标赋分说明详见表5-5。

（3）加强水污染防治。

加强水污染防治评价指标赋分说明详见表5-6。

（4）加强水环境治理。

加强水环境治理评价指标赋分说明详见表5-7。

（5）加强水生态修复。

加强水生态修复评价指标赋分说明详见表5-8。

（6）加强执法监管。

加强执法监管评价指标赋分说明详见表 5-9。

3．公众参与

公众参与评价指标赋分说明详见表 5-10。

4．激励与约束

（1）激励加分评价指标赋分说明详见表 5-11。

（2）惩罚扣分评价指标赋分说明详见表 5-12。

（3）约束性指标赋分说明详见表 5-13。

（二）湖长制考核评价指标体系

1．建立健全湖长制工作机制

建立健全湖长制工作机制评价指标赋分说明详见表 5-14。

2．落实主要任务

（1）严格湖泊水域空间管控。

严格湖泊水域空间管控评价指标赋分说明详见表 5-15。

（2）强化湖泊岸线管理保护。

强化湖泊岸线管理保护评价指标赋分说明详见表 5-16。

（3）加强湖泊水资源保护和水污染防治。

加强湖泊水资源保护和水污染防治评价指标赋分说明详见表 5-17。

（4）加大湖泊水环境综合整治力度。

加大湖泊水环境综合整治力度评价指标赋分说明详见表 5-18。

（5）开展湖泊生态治理与修复。

开展湖泊生态治理与修复评价指标赋分说明详见表 5-19。

（6）健全湖泊执法监管机制。

健全湖泊执法监管机制评价指标赋分说明详见表 5-20。

3．公众参与

公众参与评价指标赋分说明详见表 5-21。

4．激励与约束

（1）激励加分评价指标赋分说明详见表 5-22。

（2）惩罚扣分评价指标赋分说明详见表 5-23。

（3）约束性指标赋分说明详见表 5-24。

表 5－3 建立完善长效机制评价指标赋分说明

评价内容	评价指标	赋分标准	赋分说明
建立完善长效机制（200）	河长体系完善（10）	（本项5分）落实行政区内各级河长，赋5分	核查行政区河长名录、结合现场抽查，发现未全覆盖，本项不得分
		（本项3分）河长人事变动及时履行程序，赋3分	通过查阅河长干部人事变动任免文件，结合现场抽查，未按规定时间调整河长，每发现1处一起扣1分，扣完为止
		（本项2分）河长信息在媒体、信息化管理平台和公示牌公示并及时更新，赋2分	查阅有关公告信息，抽查信息化管理平台、公示牌信息，未按规定时间更新，每发现1处一起扣0.5分，扣完为止
	河长制公示牌更新维护（5）	（本项1分）河长制公示牌设立在水域沿岸显著位置，赋1分	现场抽查，酌情赋分
		（本项2分）河长制公示牌信息及时更新，完整准确，赋2分	现场抽查，酌情赋分
		（本项2分）河长制公示牌维护规范，赋2分	现场抽查，发现公示牌倾斜、变形、破损、老化等问题，酌情赋分
	河长责任落实（25）	（本项5分）河长按照规定履行巡河职责，赋5分	对照巡河相关要求，查阅行政区河长巡河记录、按照（年度巡河次数/年度规定次数）×5分赋分，上限5分
		（本项10分）同级河长向总河长述职，下级河长向上级河长述职，赋10分	查阅资料，酌情赋分。同级河长向总河长述职，赋5分；下级河长向上级河长述职，赋5分
		（本项10分）河长组织开展相应河湖管理和保护工作，协调解决重大问题，赋10分	查阅材料，酌情赋分。根据中央及各地要求，总河长对本行政区河湖管理与保护工作，负有总责。不同层级河长协调督促解决存在问题

续表

评价内容	评价指标	赋分标准	赋分说明
	河长办责任落实（15）	（本项5分）河长办内部分工明确，赋5分	查阅资料，有分工文件或工作规则，酌情赋分
		（本项10分）组织实施河长制具体工作，落实河长确定的事项，赋10分	查阅资料。 制定（拟定）有关河长制工作制度，赋2分； 履行组织协调、分办督办等职责，赋2分； 组织对河长制工作进行检查、考核和评价，赋2分； 开展河长制宣传，赋2分； 组织开展河长制培训，赋2分
建立完善长效机制（200）	"一河一档"建立（10）	（本项10分）按照要求建立"一河一档"，赋10分	按照（行政区内应当建立"一河一档"的完成数量/应当建立"一河一档"的数量）×10分赋分。未按规定时间完成，酌情赋分
	"一河一策"编制（25）	（本项10分）按照要求完成"一河一策"编制，赋10分	按照（行政区内应当编制"一河一策"的完成数量/应当编制"一河一策"的数量）×10分赋分。未按规定时间完成，酌情赋分
		（本项5分）"一河一策"经河长审定后印发，赋5分	按照印发数量/应当印发数量）×5分赋分。未按规定时间完成，酌情赋分
		（本项10分）"一河一策"成果质量符合工作要求，赋10分	按照"一河一策"编制指南或工作大纲要求，对"一河一策"成果的完整性、针对性进行抽查，酌情赋分。
	河长制制度落实情况（30）	（本项5分）落实河长会议制度，赋5分	查阅会议纪要及督办落实证明材料。 河长按会议制度要求召开会议，研究河长制工作重大事项，协调解决河长制工作中的重大问题，形成会议纪要并督促整改落实
		（本项5分）落实信息共享制度，赋5分	查阅信息共享情况，酌情赋分。 向社会公开河长名单、河长职责、河湖管理保护等情况，对存在的突出问题、河长制实施进展情况予以公开；通报河长制实施进展、对河湖水域岸线、水资源、水质、水生态等方面信息的信息进行共享

137

续表

评价内容	评价指标	赋 分 标 准	赋 分 说 明
建立完善长效机制（200）	河长制制度落实情况（30）	（本项5分）落实信息报送制度，赋5分	查阅资料，酌情赋分。按要求向上级部门报送河湖管护情况、河长制实施情况和履职情况
		（本项5分）落实工作督察制度，赋5分	按照查阅督导检查报告及督促整改落实证明材料情况进行赋分。组织开展督导检查，赋2分；提出整改要求并督促落实，赋2分；组织发动工青团妇等组织以及企业家、志愿者等民间力量参与河湖管理保护，赋1分
		（本项10分）落实考核问责与激励制度，赋10分	按照查阅考核部署、考核方案或细则，考核河长制工作以及结果通报等文件资料情况进行赋分。组织开展考核工作，赋2分；考核结果纳入党政领导干部综合考核评价，赋3分；组织河长制考核评优，赋2分；对河长制工作落实不力的进行问责，赋3分
	河长制管理信息系统（25）	（本项15分）建设河长制管理信息系统并投入运行，赋15分	开展系统建设，赋5分；系统投入运行，赋5分；系统功能完备齐全，赋5分、功能不全，酌情赋分
		（本项10分）建设完成河湖基础信息库，赋10分	根据信息完整性，酌情赋分
	河湖管护体制机制（15）	（本项5分）制定河湖管理制度和管护标准，赋5分	制定河湖岸线和水域保洁、堤防管护等方面管理制度和管护标准，酌情赋分
		（本项10分）落实行政区河湖管护主体、队伍及经费，赋10分	明确行政区河湖管护主体，并有相关文件证明，赋2分；建立河湖管护队伍，并满足管护工作需要，赋4分；落实河湖管护经费，并满足管护工作需要，赋4分

138

续表

评价内容	评价指标	赋分标准	赋分说明
建立完善长效机制（200）	资金保障落实（10）	（本项10分）河长制工作经费纳入政府财政预算，赋10分	查阅预算批复文件或其他证明材料，酌情赋分
	河长制宣传教育（15）	（本项5分）采取多种方式宣传及河长制知识，赋5分	查阅报刊、广播、电视、网络、微信、微博、客户端等各种媒体宣传材料，酌情赋分
		（本项5分）主流媒体宣传报道河长制工作，赋5分	查阅省级以上主流新闻媒体报道材料，酌情赋分
		（本项5分）举办多种活动，吸引群众参与，赋5分	查阅活动方案、相关报道，根据活动的影响及效果，酌情赋分
	流域区域协作交流（15）	（本项5分）建立河长制工作交流平台，赋5分	搭建业务培训或经验交流平台，对河长制经验做法进行交流、总结和推广，查阅会议纪要或报道材料，酌情赋分
		（本项10分）建立流域区域河湖管理保护议事协调机制，赋10分	建立河湖管理保护议事协调机制明晰，针对河湖管理保护联防联控研究制定措施，跨行政区的河湖管理责任明晰，查阅河湖管理保护议事协调材料，针对河湖管理保护联防联控研究制定措施、查阅会议纪要或证明材料，酌情赋分

表5－4　加强水资源保护评价指标赋分说明

评价内容	评价指标	赋分标准	赋分说明
加强水资源保护（130）	全面推进节水型社会建设（50）	（本项5分）制定节水型社会建设相关规划（方案）并组织实施，赋5分	查阅规划、方案及复批文件。制定城市节水中长期规划并批复，赋2分；制定县域节水型社会达标建设方案并批复，赋2分；县域节水型社会达标建设通过验收，赋1分；

续表

评价内容	评价指标	赋分标准	赋分说明
加强水资源保护（130）	全面推进节水型社会建设（50）	（本项10分）开展农业水价综合改革，执行水价加补贴政策，赋10分	农业水价综合改革实际实施面积占计划实施面积比达到100%，赋6分；60%～100%，按照0～6分插值赋分；小于60%，不得分。实际执行水价加精准补贴（补贴工程运行维护费部分）占运行维护成本比例达到100%，赋4分；60%～100%，按照0～4分插值赋分；小于60%，不得分
		（本项5分）城市非常规水资源替代率达标，赋5分	城市非常规水资源替代率≥20%，赋5分；0～20%，按照0～5分插值赋分
		（本项10分）制定城市供水管网漏损率控制计划，城市供水管网漏损率达标，赋10分	查阅城市供水管网漏损率控制计划等有关文件资料，制订城市供水管网漏损率控制计划，赋2分。城市供水管网漏损率≤10%，赋8分；高于10%，每增加1%扣0.5分，扣完为止
		（本项5分）城市居民生活用水量低于或等于本区域用水指标，赋5分	参照《城市居民生活用水量标准》（GB/T 50331）以及各省（直辖市）规定，城市居民生活用水量低于或等于本区域用水指标，赋5分
		（本项5分）公共场所和新建小区居民家庭全部采用节水器具，赋5分	抽查的公共场所和居民家各不少于10个，发现一例未使用，扣0.5分，扣完为止
		（本项10分）节水型企业覆盖率达标，赋10分	节水型企业覆盖率≥15%，赋10分；5%～15%，按照0～10分插值赋分；小于5%，不得分
	用水总量控制（10）	（本项10分）用水总量小于等于年度用水总量控制指标，赋10分	参照年度最严格水资源管理制度考核结果，未达目标不赋分。如未进行最严格水资源管理制度考核，本项参照最严格水资源管理制度考核数据口径，计算方法进行评价赋分

续表

评价内容	评价指标	赋分标准	赋分说明
加强水资源保护（130）	万元国内生产总值用水量降幅（5）	（本项5分）万元国内生产总值用水量降幅满足年度控制目标，赋5分	参照年度最严格水资源管理制度考核结果，未达目标不赋分。如未进行最严格水资源管理制度考核，本项参照最严格水资源管理制度考核数据口径，计算方法进行评价赋分
	万元工业增加值用水量降幅（5）	（本项5分）万元工业增加值用水量降幅满足年度控制目标，赋5分	参照年度最严格水资源管理制度考核结果，未达目标不赋分。如未进行最严格水资源管理制度考核，本项参照最严格水资源管理制度考核数据口径，计算方法进行评价赋分
	农田灌溉水有效利用系数（5）	（本项5分）农田灌溉水有效利用系数满足年度控制目标，赋5分	参照年度最严格水资源管理制度考核结果，未达目标不赋分。如未进行最严格水资源管理制度考核，本项参照最严格水资源管理制度考核数据口径，计算方法进行评价赋分
	水功能区水质（15）	（本项15分）河湖水功能区达标率达到年度考核目标，赋15分	参照年度最严格水资源管理制度考核结果，未达目标不赋分。如未进行最严格水资源管理制度考核，本项参照最严格水资源管理制度考核数据口径，计算方法进行评价赋分
	入河湖排污口管理（20）	（本项5分）完成入河湖排污口摸底调查，赋5分	查阅规模以上、规模以下入河湖排污口摸底调查，完成规模以上入河湖排污口摸底调查，赋2分；完成规模以下入河湖排污口摸底调查，赋3分
		（本项5分）入河湖排污口设置审批全覆盖，赋5分	现场抽查，入河湖排污口未履行审批程序，每发现一处扣0.5分，扣完为止
		（本项5分）落实入河湖排污口督导检查整改要求，赋5分	查阅上级检查文件，整改落实情况报告等，酌情赋分
		（本项5分）政府部门对规模以上入河湖排污口监测全覆盖，赋5分	按照（开展水质监测的规模以上排污口数量/规模以上排污口总数）×5分赋分

续表

评价内容	评价指标	赋 分 标 准	赋 分 说 明
加强水资源保护（130）	饮用水水源保护区划定（5）	（本项 5 分）完成饮用水水源一级、二级保护区划定，赋 5 分	查阅饮用水水源保护区划定文件及相关证明材料，酌情赋分
	集中式饮用水水源地达标（15）	（本项 15 分）集中式地表饮用水水源地水质全部达到或优于Ⅲ类，赋 15 分	参照水污染防治行动计划实施情况考核结果。 如未进行水污染防治行动计划实施情况考核，本项参照水污染防治行动计划实施考核数据口径、计算方法进行评价。 按照（达到或优于Ⅲ类集中式地表水饮用水水源地数量/集中式地表水饮用水水源地数量总数）×15 分赋分

表 5 - 5 加强河湖水域岸线管理保护评价指标赋分说明

评价内容	评价指标	赋 分 标 准	赋 分 说 明
加强河湖水域岸线管理保护（100）	重要河湖岸线利用管理规划编制及审批（20）	（本项 20 分）编制完成重要河湖岸线利用管理规划并获批复，赋 20 分	查阅规划成果及批复文件。 重要河湖名录由各省（直辖市）确定。 编制完成、按照（编制完成重要河湖岸线利用管理规划的河湖数量/重要河湖数量）×10 分赋分 获得批复，按照（经主管部门批复岸线利用管理规划的河湖数量/重要河湖数量）×10 分赋分
	河湖管理范围划界确权（20）	（本项 20 分）完成重要河湖管理范围划定并确权，赋 20 分	查阅划定文件、现场抽查界桩、管理保护标志等。 重要河湖名录由各省（直辖市）确定。 开展划定，按照（已划定管理范围的河湖岸线长度/重要河湖岸线长度）×10 分赋分； 开展确权，按照（已完成管理范围确权的河湖岸线长度/重要河湖岸线总长）×10 分赋分

续表

评价内容	评价指标	赋 分 标 准	赋 分 说 明
加强河湖水域岸线管理保护（100）	水面率管控（20）	（本项 20 分）年度水面率不减少，赋 20 分	同口径下水面率较上一年度减少，不得分
		（本项 10 分）按明确的审批权限开展涉河湖建设项目行政许可审批，赋 10 分	现场抽查，每发现一起未批先建的项目扣 1 分，扣完为止
	涉水项目管理（30）	（本项 20 分）涉河湖建设项目事中事后监管到位，赋 20 分	现场抽查，发现下列情形之一扣分，扣完为止。 审批部门未履行涉河湖建设项目事中事后监管程序，每发现一起扣 1 分； 建设项目未按复核要求建设，每发现一起扣 1 分； 建设项目补偿措施未达到"等效替代"效果，每发现一起扣 2 分
	河湖生态护岸比例（10）	（本项 10 分）平原区河湖建设生态护岸，赋 10 分	生态护岸比例＝（人工建设护岸中生态护岸长度／全部人工建设护岸总长度）×100％。生态护岸比例在 50％～100％，按照 5～10 分插值赋分；所占比例小于 50％，不得分

表 5 - 6   加强水污染防治评价指标赋分说明

评价内容	评价指标	赋 分 标 准	赋 分 说 明
加强水污染防治（100）	工业污染防治（10）	（本项 10 分）完成本地区产业结构调整升级年度任务，赋 10 分	根据各地产业结构调整升级工作计划安排，酌情赋分
	城镇污染治理（20）	（本项 10 分）按照省（直辖市）污染防治行动计划考核实施的污水处理率目标，赋 10 分	参照水污染防治行动计划实施情况考核结果，未达目标不赋分。 如未进行水污染防治行动计划实施情况考核，本项参照水污染防治行动计划实施情况考核数据口径，计算方法进行评价赋分
		（本项 10 分）地级及以上城市污泥无害化处理处置率达到年度工作要求，赋 10 分	参照水污染防治行动计划实施情况考核结果，未达目标不赋分。 如未进行水污染防治行动计划实施情况考核，本项参照水污染防治行动计划实施情况考核数据口径，计算方法进行评价赋分

评价内容	评价指标	赋 分 标 准	赋 分 说 明
加强水污染防治（100）	畜禽养殖污染防治（10）	（本项10分）规模畜禽养殖场或养殖小区配套建设废弃物处理利用设施，赋10分	参照水污染防治行动计划实施情况考核结果。如未进行水污染防治行动计划实施情况考核，计算利用处理废弃物或养殖场畜禽离场或养按照（配套建设废弃物处理利用设施的规模养殖场／规模养殖小区总数）×10分赋分
	船舶污染治理（10）	（本项10分）建立运行船舶污染物接收、转运、处置监管制度，实施活动污染及其有关作业有关污染及其有建设能力建设要求，赋10分	参照水污染防治行动计划实施情况考核结果。如未进行水污染防治行动计划实施情况考核，计算建立运行船舶污染物接收、转运、处置监管制度，处置监管制度，赋5分；实施活动污染及其有关作业活动污染水域环境应急能力建设规划，赋5分
	港口污染控制（10）	（本项10分）设区的市级以上人民政府完成内河港口和船舶污染物接收、运转及处置设施建设方案达到水污染防治行动计划实施情况年度工作要求，赋10分	参照水污染防治行动计划考核结果。如未进行水污染防治行动计划实施情况考核，计算水污染防治行动计划实施情况考核数据口径，本项参照水污染防治行动计划实施情况考核，计算方法进行赋分
	水产养殖污染治理（10）	（本项5分）划定水产养殖禁养区、限养区，赋5分（本项5分）制定养殖尾水处理排放标准，赋5分	查阅文件资料、现场抽查，酌情赋分查阅文件资料、现场抽查，酌情赋分
	农业面源污染治理（10）	（本项10分）单位面积主要农作物肥药使用量较上一年实现零增长，赋10分	单位面积主要农作物化肥施用量较上一年实现零增长，赋5分；单位面积主要农作物农药使用量较上一年实现零增长，赋5分
	地表水水质优良比例和劣Ⅴ类水体控制比例（20）	（本项20分）地表水水质优良比例和劣Ⅴ类水体控制比例满足年度目标要求，赋20分	参照水污染防治行动计划实施情况考核结果。如未进行水污染防治行动计划实施情况考核，计算水污染防治行动计划实施情况考核数据口径，本项参照水污染防治行动计划实施情况考核，计算方法进行赋分。按照（Ⅰ～Ⅲ类实际比例／当年目标比例）×10分赋分（Ⅰ～Ⅴ类实际比例／当年目标比例）×10分赋分

表 5 — 7 加强水环境治理评价指标赋分说明

评价内容	评价指标	赋分标准	赋分说明
加强水环境治理（100）	水环境风险评估排查、预警预报与响应机制（10）	（本项 5 分）建立健全水环境风险评估排查机制，赋 5 分	查阅相关制度文件，酌情赋分
		（本项 5 分）建立预警预报与响应机制，赋 5 分	
	地级及以上城市建成区黑臭河道控制比例（20）	（本项 20 分）开展黑臭河道整治，赋 20 分	参照水污染防治行动计划实施情况考核结果。如未进行水污染防治行动计划实施情况考核，本项参照水污染防治行动计划实施情况考核数据口径，计算方法进行评价。按照（地级及以上城市完成整治的黑臭河道数目或长度／黑臭河道总数目或总长度）×20 分赋分
	农村生活污水处理（15）	（本项 15 分）农村生活污水处理率达标，赋 15 分	参照水污染防治行动计划实施情况考核结果。如未进行水污染防治行动计划实施情况考核，本项参照水污染防治行动计划实施情况考核数据口径，计算方法进行评价赋分。农村生活污水处理率 60%～100%，按照 0～15 分插值赋分；小于 60%，不赋分
	农村卫生厕所建设和改造（10）	（本项 10 分）开展农村卫生厕所建设和改造，赋 10 分	根据《农村户厕卫生规范》，按照（完成卫生厕所建设和改造的行政村数量／行政村总数）×10 分赋分
	农村生活垃圾处理（15）	（本项 15 分）农村生活垃圾无害化处理率达标，赋 15 分	参照水污染防治行动计划实施情况考核结果。如未进行水污染防治行动计划实施情况考核，本项参照水污染防治行动计划实施情况考核数据口径，计算方法处理赋分。农村生活垃圾无害化处理率 70%～100%，按照 0～15 分插值赋分；小于 70%，不赋分

续表

评价内容	评价指标	赋 分 标 准	赋 分 说 明
加强水环境治理（100）	农村饮用水安全（30）	（本项10分）划定农村集中式饮用水水源保护区或保护范围，赋10分	查阅划定文件、现场抽查保护标志、设施，酌情赋分
		（本项10分）每年至少开展一次农村集中式、分散式饮用水水源地监测，赋10分	采用地表水为饮用水水源时，水质监测项目参照执行《地表水环境质量标准》（GB 3838—2002），酌情赋分
		（本项10分）农村集中式、分散式饮用水水源地水质达标，赋10分	抽查有关监测数据，每发现一起不达标扣1分，扣完为止

表 5－8　　加强水生态修复评价指标赋分说明

评价内容	评价指标	赋 分 标 准	赋 分 说 明
加强水生态修复（120）	退田还湖还湿、退渔还湖（10）	（本项10分）制定退田还湖还湿、退渔还湖规划或清理方案并组织实施，赋10分	查阅有关规划成果、组织实施的证明材料。制定退田还湖还湿、退渔还湖规划或清理方案，赋5分；按照规划或实施方案组织实施退田还湖还湿、退渔还湖，赋5分
	河湖水系连通（10）	（本项10分）完成江河湖库水系连通相关方案年度建设任务，赋10分	查阅项目完成情况报告，酌情赋分
	生态清淤和河道疏浚（10）	（本项10分）完成城镇、农村中小河道生态清淤和河道疏浚任务，赋10分	按照各地生态清淤和河道疏浚规划或工作方案实施完成情况，酌情赋分
	入湖河道生态修复（20）	（本项20分）开展重要湖泊入湖河道水质在Ⅲ类、Ⅱ类及以上，Ⅱ类及以上生态修复，赋20分	重要湖泊名录由省（直辖市）确定。（水质在Ⅲ类及以上入湖河道数量/入湖河道总数）×10分赋分；（水质在Ⅱ类及以上入湖河道数量/入湖河道总数）×10分赋分

续表

评价内容	评价指标	赋分标准	赋分说明
加强水生态修复 (120)	河湖生态水量（流量、水位）(15)	（本项 5 分）制定重要河湖水体生态水量（流量、水位）控制目标，赋 5 分	查阅相关证明材料，酌情赋分。重要河湖名录由各省（直辖市）确定
		（本项 10 分）重要河湖控制断面生态下泄水量或生态流量满足标准，赋 10 分	现场抽查，生态下泄水量或生态流量未达标，每发现一起扣 1 分，扣完为止
	水生生物资源养护，水生生物多样性 (5)	（本项 5 分）制定区域河湖水生生物多样性保护方案并实施，赋 5 分	查阅水生生物多样性保护方案及实施等相关材料，酌情赋分
	河湖健康评价 (10)	（本项 10 分）开展对生态安全有较大影响的重要河湖健康评价，赋 10 分	河湖名录由省（直辖市）根据实际确定。（开展健康评价的河湖数量／应开展评价的河湖数量）×10 分赋分
	重要河湖纳入生态保护红线管理 (10)	（本项 10 分）生态保护红线中包含重要河湖保护内容，赋 10 分	查阅相关制度文件，酌情赋分。重要河湖名录由省（直辖市）确定
	生态清洁小流域建设 (10)	（本项 10 分）制定生态清洁小流域专项规划并组织实施，赋 10 分	查阅相关规划成果及组织实施证明材料，酌情赋分
	水土流失预防监督和综合整治 (20)	（本项 10 分）全面开展水土流失动态监测，制定水土保持专项规划并组织实施，完成年度水土流失治理任务，赋 10 分	查阅水土流失动态监测数据、水土保持专项规划成果及年度实施证明材料，并现场抽查。全面开展水土流失监测，赋 5 分；制定水土保持专项规划并组织实施，赋 2 分；完成年度水土流失治理任务，赋 3 分
		（本项 10 分）依法应当编制水土保持方案的生产建设项目水土保持方案行政许可全覆盖，强化事中事后监管，赋 10 分	行政许可全覆盖 5 分。现场抽查，生产建设项目的水土保持方案行政许可未规定取得水土保持方案行政许可的，每发现一起按规定扣分，扣完为止；事中事后监管 5 分，每发现一起未按水土保持许可要求进行建设的项目扣 1 分，扣完为止

表 5-9

加强执法监管评价指标赋分说明

评价内容	评价指标	赋分标准	赋分说明
加强执法监管 (100)	部门联合执法 (20)	（本项10分）建立行政区内部门联合执法机制并组织实施，赋10分	建立部门联合执法机制，有制度文件或会议纪要，赋5分；涉水有关执法部门联合开展专项执法和集中整治行动，有证明材料，赋5分
		（本项10分）建立跨行政区联合执法机制并组织实施，赋10分	建立跨行政区联合执法机制，有制度文件或会议纪要，赋5分；跨行政区涉水执法部门联合开展专项执法和集中整治行动，有证明材料，赋5分
	行政执法与刑事司法衔接 (20)	（本项10分）建立行政执法与刑事司法衔接机制并组织实施，赋10分	查阅相关制度文件、会议纪要等。建立行政执法与刑事司法衔接机制，赋5分；行政执法与刑事司法衔接有实效，赋5分。
		（本项10分）行政区内涉河湖违法行为移送司法机关有效处置，赋10分	查阅涉河湖案件移交记录及处理结果，酌情赋分
	河湖日常监管巡查 (30)	（本项10分）建立河湖日常监管巡查制度，赋10分	查阅相关制度文件，酌情赋分
		（本项10分）重要河湖水质、水量、水生态监测全覆盖，赋10分	重要河湖名录及其监测项目由各省（直辖市）确定。按照水质水量水生态监测数量（开展水质水量水生态监测的重要河湖数量）×10分总数赋分
		（本项10分）针对河湖水域岸线、水利工程和违法行为进行动态监控，赋10分	利用卫星遥感、无人机航拍、实时监控、自动监测等多种手段进行动态监控。现场查看有关装备及动态监控资料，酌情赋分
	落实河湖管理保护执法监管责任主体 (30)	（本项30分）落实河湖管理保护执法监管人员、设备、经费，赋30分	查阅有关人员编制文件、预算批复文件，并现场抽查。明确河湖管理保护执法监管人员，并满足监管工作需要，赋10分；配置河湖管理保护执法监管设备，并满足监管工作需要，赋10分；落实河湖管理保护执法监管经费，并满足监管工作需要，赋10分。

表 5 - 10 公众参与评价指标赋分说明

评价内容	评价指标	赋分标准		赋 分 说 明
公众参与 (50)	问卷调查 (20)	（本项 20 分）群众对河长制工作满意，赋 20 分	群众对河长制工作满意，赋 20 分	通过实地走访、发放调查问卷、在线征求意见等多种方式在社会公众中开展对河长制政策、工作要求、工作目标、工作成效等内容的民意调查。 工作满意度＝（受访表态满意或问卷调查分数合格及以上的群众数量/受访的群众总数）×100％。 群众对河长制工作满意度 70％～100％，按 0～20 分捅值赋分；小于 70％，不赋分
	举报投诉及处理情况 (15)	（本项 5 分）建立河长制举报投诉处理工作制度度，窗口平台，将举报投诉线索移交相关职能部门，赋 5 分		查阅有关文件资料、现场抽查核实，酌情赋分
		（本项 10 分）河长制工作举报投诉处理率达 100％，赋 10 分		举报投诉处理率＝（直接处理或转办处理的举报投诉事项数量/受理的举报投诉事项总数）×100％。未达 100％不赋分
	处理结果反馈情况 (15)	（本项 15 分）群众举报投诉事项整改到位率达到 100％，赋 15 分		整改到位率＝（举报投诉事项中整改到位的事项数量/受理的事项数量）×100％。 群众举报投诉事项整改到位率在 70％～100％，按照 0～15分捅值赋分；小于 70％，不赋分

表 5 - 11 激励加分评价指标赋分说明

评价内容	评价指标	赋 分 标 准	赋 分 说 明
激励加分（100）	河长制体系创新（5）	（本项 5 分）在党政河长基础上，创新设置多种河长形式加强河长制工作，赋 5 分	在党政河长基础上，设置"河道警长""法制河长""企业河长""红领巾河长""河嫂""河小二"等各类民间河长参与河湖监督与管理，酌情赋分
	河长制公示牌创新（5）	（本项 5 分）河长制公示牌设置二维码，赋 5 分	河长制公示牌具备码具备信息公开、投诉举报、意见征集等互动功能，相关信息及时更新维护，酌情赋分
	河长制法规制度创新（15）	（本项 5 分）在六项基本制度基础上，新增可操作且有实效的制度，赋 5 分	在六项基本制度基础上，结合本地区河长制工作实际，制定河长巡河、党委政府河长制工作报告等制度。每新增一项可操作且有实效的制度赋 1 分，上限 5 分
		（本项 10 分）推进河长制立法，赋 10 分	出台河长制专项立法，赋 10 分。将河长制工作纳入地方性法规，酌情赋分，上限 5 分
	机构能力建设创新（15）	（本项 5 分）乡级设立河长办，赋 5 分	按照（设立乡级河长办的数量/乡级行政区总数）×5 分赋分
		（本项 5 分）新增河长制工作部门及编制，赋 5 分	查阅机构编制复文件，酌情赋分
		（本项 5 分）明确河长制工作技术支撑单位并开展工作，赋 5 分	查阅有关文件资料，酌情赋分
	河湖治理专项行动（15）	（本项 10 分）围绕河长制主要任务，在全域范围内，开展专项治理行动，赋 10 分	查阅专项行动部署、检查、总结文件，现场抽查核实工作成果，通过现场抽查核实工作展成效，酌情赋分
		（本项 5 分）金融机构和社会资本参与河湖治理与保护，赋 5 分	查阅有关合作协议或证明材料，酌情赋分

150

续表

评价内容	评价指标	赋分标准	赋分说明
	科技创新 (10)	（本项10分）在水资源保护、河湖水域岸线管理保护，水污染防治、水环境治理、水生态修复及加强执法监管等方面创新技术手段，赋10分	有关创新成果得到省部级及以上主管部门认可，提供证明材料，酌情赋分
	水面率增加 (10)	（本项10分）年度水面率较上一年度增加，赋10分	同口径下年度水面率较上一年度增加0.1%及以上，赋10分；水面率较上一年度增加0~0.1%，按照0~10分插值赋分
	建立补偿激励机制 (10)	（本项10分）建立生态保护补偿等激励机制并组织实施，赋10分	查阅有关制度文件、会议纪要或实施证明材料，酌情赋分
激励加分 (100)	多规合一 (10)	（本项5分）开展多规合一，将岸线管理等规划主要内容纳入总体规划，赋5分	查阅经批复的经济社会发展规划、城市总体规划等资料，酌情赋分
		（本项5分）水域空间管控要求与国土规划空间管控要求相衔接并落实到"一张图"，赋5分	查阅经批复的经济社会发展规划、城市总体规划等资料，酌情赋分
	经验推广 (5)	（本项3分）河长制经验做法得到上级部门推广，赋3分	查阅有关文件资料，酌情赋分
		（本项2分）推广其他地区经验做法，赋2分	查阅有关文件资料，酌情赋分

表 5 - 12 惩罚扣分评价指标赋分说明

评价内容	评价指标	赋 分 标 准	赋 分 说 明
惩罚扣分	入河湖排污口管理不力	规模以上入河湖排污口水质不达标，每发现一处扣 5 分	查阅规模以上排污口监测数据等资料，抽查排污口水质
	饮用水水源保护区管理不力	饮用水水源一级保护区存在新建、改建、扩建与供水设施和保护水源无关的建设项目和活动，每发现一起扣 5 分	现场抽查
		饮用水水源二级保护区存在新建、改建、扩建排放污染物的建设项目和活动，每发现一起扣 5 分	现场抽查
		应纳入取缔范围而未纳入、未取缔的"十小项目"，每发现一起扣 5 分	参照水污染防治行动计划实施情况考核结果。如未进行水污染防治行动计划实施情况考核，计算方法进行评价。根据日常检查、督查以及调查群众举报投诉环境问题等结果进行扣分
	工业污染防治不力	工业集聚区集中式污水处理设施未按要求建设运行，每发现一处扣分一处	参照水污染防治行动计划实施情况考核结果。如未进行水污染防治行动计划实施情况考核，计算方法进行评价。查阅相关资料，现场抽查。工业集聚区集中式污水处理设施未按期建设的，集中式污水处理设施总排污口在线监控未按期安装并联网，每发现一处扣 2 分；10 分。
			工业废水预处理设施不达标，每发现一处扣 5 分，集中式污水处理设施运行不稳定，超标排放，每发现一处扣 5 分

续表

评价内容	评价指标	赋分标准	赋分说明
惩罚扣分	船舶污染治理不力	2018年起，新投入使用的船舶未符合相关环境保护标准，每发现一起扣1分 2020年及以后，应改造但未改造或未淘汰的船舶，未实施压载水交换或安装压载水灭活处理系统的船舶，每发现一起扣1分	参照水污染防治行动计划实施情况考核结果。如未进行水污染防治行动计划实施情况考核，本项参照水污染防治行动计划实施考核数据口径，计算方法进行评价。 依据日常督查、重点抽查、现场核查以及核查结果的社会媒体报道、群众举报信息进行扣分。
	水产养殖污染治理不力	未执行禁养区、限养区相关要求，每发现一处扣5分	现场抽查。禁养区内新建养殖场、养殖小区和养殖专业户，限养区污染物排放超标、网箱养殖面积超标等情况，予以扣分
	入湖河道整治不力	重要湖泊入湖河道水质类别较上年度每下降一个类别，每发现一起扣10分	查阅水质监测资料，并现场抽查。重要湖泊名录由省（直辖市）确定
	打击涉河湖违法行为不力	违法违规涉河湖行为，每发现一起扣5分	现场抽查
	媒体曝光整改落实不力	针对媒体曝光的问题未能整改落实到位，每发现一起扣5分	查阅问题整改资料

表5-13　　约束性指标赋分说明

评价内容	评价指标	赋分标准和说明
约束性指标	存在报送考核评价数据弄虚作假	考核评价结果为不合格
	以任何形式围湖造地、造田、违法围垦河道	考核评价结果为不合格
	重要饮用水水源地发生水污染事件应对不力，严重影响供水安全	考核评价结果为不合格
	违法侵占古河湖水域	总分扣30分，并在此基础上考核评价等级再下调一级
	不执行水量调度计划，情节严重	总分扣30分，并在此基础上考核评价等级再下调一级
	未严格执行水"三同时"管理制度	总分扣30分，并在此基础上考核评价等级再下调一级
	被中央环保督察发现河湖管理存在严重问题	总分扣30分，并在此基础上考核评价等级再下调一级
	对明察暗访反映的问题整改不力	总分扣30分，并在此基础上考核评价等级再下调一级
	被省级及以上主流媒体曝光2次及以上	总分扣30分，并在此基础上考核评价等级再下调一级

表 5 - 14 建立健全湖长制工作机制评价指标赋分说明

评价内容	评价指标	赋分标准	赋分说明
建立健全湖长制工作机制（200）	建立湖长体系（15）	（本项5分）落实行政区内各级湖长，赋5分	核查行政区湖长名录，结合现场抽查，发现未全覆盖、本项不得分
		（本项5分）跨行政区湖泊湖长由上一级党政负责同志担任，赋5分	核查湖长名录，结合现场抽查，发现未按要求设置湖长、本项不得分
		（本项3分）湖长人事变动及时履行程序，赋3分	通过查阅湖长干部人事变动任免文件，结合现场抽查，未按规定时间调整湖长，每发现1分，扣完为止
		（本项2分）湖长信息在媒体、信息化管理平台和公示牌公告、更新，赋2分	查阅有关公告信息，抽查信息化管理平台、公示牌信息，未按规定公告更新，每发现一起扣0.5分，扣完为止
	湖长制公示牌更新维护（5）	（本项1分）湖长制公示牌设立在水域沿岸显著位置，赋1分	现场抽查，酌情赋分
		（本项2分）湖长制公示牌信息及时更新、完整准确，赋2分	现场抽查，酌情扣分
		（本项2分）湖长制公示牌维护规范，赋2分	现场抽查，发现公示牌倾斜、变形、破损、老化等问题，酌情扣分
	湖长责任落实（25）	（本项5分）明确湖长责任，赋5分	查阅文件资料，酌情赋分
		（本项10分）湖长按照规定履行巡湖职责，赋10分	对照巡湖相关要求，查阅行政区湖长巡湖记录，按照（年度巡湖次数/年度规定次数）×10分赋分，上限10分
		（本项10分）湖长组织开展湖泊管理和保护工作，协调解决重大问题，赋10分	查阅材料，酌情赋分。根据中央及各地要求，不同层级湖长组织开展责任水域管理与保护工作，协调督促解决存在问题

续表

评价内容	评价指标	赋分标准	赋分说明
建立健全湖长制工作机制（200）	湖长制工作机构及责任落实（10）	（本项2分）落实湖长制工作机构，赋2分	查阅资料，将湖长制工作纳入河长制办公室组织实施，酌情赋分
		（本项8分）组织实施湖长制具体工作，落实湖长确定的事项，赋8分	查阅资料。制定（拟定）有关湖长制工作制度，赋2分；履行组织协调、分办督办等职责，赋2分；组织对湖长制工作进行检查、考核和评价，赋2分；组织开展湖长制制宣传培训，赋2分
	"一湖一档"建立（10）	（本项10分）按照要求建立"一湖一档"，赋10分	按照（行政区内应当建立"一湖一档"的完成数量/应当建立"一湖一档"的数量）×10分赋分。未按规定时间完成，酌情赋分
	"一湖一策"编制（30）	（本项10分）按照要求完成"一湖一策"编制，赋10分	按照（行政区内应当编制"一湖一策"的完成数量/应当编制"一湖一策"的数量）×10分赋分。未按规定时间完成，酌情赋分
		（本项10分）"一湖一策"经湖长审定后印发，赋10分	按照（行政区内"一湖一策"审定印发数量/应当编制"一湖一策"的完成数量）×10分赋分。未按规定时间印发，酌情赋分
		（本项10分）"一湖一策"成果质量符合工作要求，赋10分	按照"一湖一策"编制指南或工作大纲要求，针对性对"一湖一策"成果的完整性进行抽查，酌情赋分
	湖长制制度落实情况（20）	（本项10分）在河长制工作制度基础上，建立完善湖长制基本制度，赋10分	查阅有关文件，酌情赋分
		（本项10分）湖长制制度按规定落实，赋10分	查阅资料，发现一项制度未落实到位，扣2分，扣完为止

续表

评价内容	评价指标	赋分标准	赋 分 说 明
建立健全湖长制工作机制（200）	湖长制管理信息系统（25）	（本项15分）建设湖长制管理信息系统并投入运行，赋15分	开展系统建设，赋5分；系统投入运行，赋5分；系统功能完备，赋5分，功能不全，酌情赋分
		（本项10分）建设完成湖泊基础信息库，赋10分	根据信息完整性，酌情赋分
	湖泊管护体制机制（20）	（本项10分）制定完善湖泊管理制度和管护标准，赋10分	制定完善湖泊管理制度和管护等方面管理制度和标准，制定湖泊岸线和水域保洁、堤防管护方面管理制度和标准，酌情赋分
		（本项10分）落实行政区湖泊管护主体、队伍及经费，赋10分	明确行政区湖泊管护主体，有相关文件证明，赋2分；落实湖泊管护队伍，并满足管护工作需要，赋4分；保障湖泊管护经费，并满足管护工作需要，赋4分
	资金保障落实（10）	（本项10分）湖长制工作经费纳入政府财政预算，赋10分	查阅预算批复文件或其他证明，酌情赋分
	湖长制宣传教育（15）	（本项5分）采取多种方式宣传普及湖长制知识，赋5分	查阅报刊、广播、电视、网络、微博、微信、客户端等各种媒体宣传材料，酌情赋分
		（本项5分）主流媒体宣传报道湖长制工作，赋5分	查阅省级以上主流新闻媒体报道材料，酌情赋分
		（本项5分）举办多种活动，吸引群众参与，赋5分	查阅活动方案、相关报道，根据活动的影响及效果，酌情赋分
	流域区域协作交流（15）	（本项5分）建立湖长制工作交流平台，赋5分	搭建业务培训或经验交流平台，对湖长制经验做法进行交流、总结和推广，查阅会议纪要或交流活动报道材料，酌情赋分
		（本项10分）建立流域区域湖泊管理保护议事协调机制，赋10分	建立湖泊管理保护联防联控责任明细，针对湖泊管理保护研究制定措施，跨行政区的湖泊管管责任要或证明材料，查阅会议纪要，酌情赋分

表 5—15　严格湖泊水域空间管控评价指标赋分说明

评价内容	评价指标	赋分标准	赋分说明
严格湖泊水域空间管控（120）	湖泊管理范围划界确权（30）	（本项 30 分）完成重要湖泊管理范围划定并确权，赋 30 分	查阅划定文件、现场抽查界桩、管理保护界牌、管理保护标志等。重要湖泊划定、确权由各省（直辖市）确定。开展划定（已划定管理范围的湖泊岸线长度/重要湖泊岸线总长）×10 分赋分；按照确权（已完成管理范围确权的湖泊岸线长度/重要湖泊岸线总长）×20 分赋分
	严格控制开发利用行为（20）	（本项 20 分）明确湖泊开发利用要求和控制范围，赋 20 分	对湖泊水域开发利用行为有严格明确限制要求，赋 10 分；将湖泊及其生态缓冲带开发利用纳入控制范围，赋 10 分
	湖泊水域面积管控（20）	（本项 20 分）增加湖泊水域面积，赋 20 分	同口径下湖泊水域面积较上一年度不减少，赋 10 分；湖泊水域面积较上一年度增加 0.1% 及以上，赋 10 分
	严格控制围网养殖（10）	（本项 10 分）明确围网养殖控制要求，达到围网养殖控制目标，赋 10 分	查阅相关文件。明确围网养殖范围、种类、饵料使用使用控制等要求，赋 5 分；达到围网养殖控制目标，赋 5 分
	涉湖项目管理（30）	（本项 10 分）按明确的审批权限开展涉湖建设项目行政许可审批，赋 10 分；（本项 20 分）涉湖建设项目事中事后监管到位，赋 20 分	现场抽查，每发现一起未批先建项目扣 1 分，扣完为止。现场抽查，发现下列情形之一扣分，扣完为止。审批部门未履行涉湖建设项目事中事后监管程序，每发现一起扣 1 分；建设项目未按要求建设，每发现一起扣 1 分；建设项目补偿措施未达到"等效替代"效果，每发现一起扣 2 分
	重要湖泊纳入生态保护红线管理（10）	（本项 10 分）生态保护红线中包含重要湖泊保护内容，赋 10 分	查阅相关制度文件，酌情赋分。重要湖泊名录由各省（直辖市）确定

表 5－16 强化湖泊岸线管理保护评价指标赋分说明

评价内容	评价指标	赋分标准	赋分说明
强化湖泊岸线管理保护（100）	湖泊岸线控制线（20）	（本项 20 分）明确湖泊岸线控制线，赋 20 分	查阅湖泊岸线临水控制线和外缘控制线划定情况，抽查管理现状。临水控制线按照（划定临水控制线的湖泊岸线长度/湖泊岸线总长）×10 分赋分；外缘控制线按照（划定外缘控制线的湖泊岸线长度/湖泊岸线总长）×10 分赋分
	湖泊岸线功能分区（15）	（本项 15 分）明确湖泊岸线功能分区，赋 15 分	查阅岸线功能分区划定情况。按照（明确功能分区的湖泊岸线长度/湖泊岸线总长）×10 分赋分
	湖泊岸线开发利用度（25）	（本项 25 分）控制开发利用比例，赋 25 分	查阅资料，抽查管理现状。开发利用区比例控制目标小于等于 35%，赋 5 分；开发利用区比例 10%～35%，按照 25～0 分插值赋分；小于 10%，赋 25 分
	湖泊岸线自然形态（20）	（本项 20 分）保持湖泊岸线自然形态，赋 20 分	查阅相关历史资料及湖泊岸线现状，酌情赋分
	推进多规合一（20）	（本项 10 分）将湖泊管理相关规划成果纳入环湖地区总体规划，赋 10 分	查阅规划成果资料，酌情赋分
		（本项 10 分）湖泊水域空间管控要求与国土、规划空间要求相衔接并落实到"一张图"，赋 10 分	查阅规划成果资料，酌情赋分

表 5 - 17　加强湖泊水资源保护和水污染防治评价指标赋分说明

评价内容	评价指标	赋分标准	赋分说明
加强湖泊水资源保护和水污染防治（170）	湖泊取用水节水管理（15）	（本项 5 分）涉湖取水户新（改、扩）建设项目执行节水"三同时"管理制度，赋分 5 分	在上级部门水资源管理监督检查或现场抽查中，未落实节水"三同时"制度的，每发现一起油—起扣 1 分，扣完为止
		（本项 5 分）涉湖取水户在水资源论证、取水许可、节水载体认定等工作中，严格执行用水定额，赋分 5 分	监督检查或现场抽查中，未按规定使用用水定额的，每发现一起即扣 1 分，扣完为止
		（本项 5 分）涉湖农业取水户灌溉计量率、非农取水户取水计量率达标，赋分 5 分	农业取水户灌溉计量率大于等于 60%，赋 5 分；40%～60%按照 0～3 分插值赋分；低于 40% 不赋分。非农取水户取水计量率 100%，赋 2 分，80%～100% 按照 0～2 分插值赋分；低于 80% 不赋分
	沿湖地区用水管理（25）	（本项 5 分）环湖地区用水总量小于等于年度用水总量控制指标，赋 5 分	参照年度最严格水资源管理制度考核结果，未达标不赋分。本项如未进行最严格水资源管理制度考核，本项参照最严格水资源管理制度考核数据口径，计算方法进行评价赋分
		（本项 5 分）环湖地区万元国内生产总值用水量降幅满足年度控制目标，赋 5 分	参照年度最严格水资源管理制度考核结果，未达标不赋分。本项如未进行最严格水资源管理制度考核，本项参照最严格水资源管理制度考核数据口径，计算方法进行评价赋分
		（本项 5 分）环湖地区万元工业增加值用水量降幅满足年度控制目标，赋 5 分	参照年度最严格水资源管理制度考核结果，未达标不赋分。本项如未进行最严格水资源管理制度考核，本项参照最严格水资源管理制度考核数据口径，计算方法进行评价赋分
		（本项 5 分）环湖地区城镇非居民用水单位应进行计划用水管理，赋 5 分	环湖地区纳入计划用水管理的城镇非居民用水单位数量占纳入计划人口数量的 100%，赋 5 分；80%～100%按照 0～5 分插值赋分；低于 80% 不赋分
		（本项 5 分）环湖地区农田灌溉水有效利用系数满足年度控制目标，赋 5 分	参照年度最严格水资源管理制度考核结果，未达标不赋分。本项如未进行最严格水资源管理制度考核，本项参照最严格水资源管理制度考核数据口径，计算方法进行评价赋分

续表

评价内容	评价指标	赋分标准	赋分说明
加强湖泊水资源保护和水污染防治 (170)	湖泊取水总量控制 (5)	(本项5分)重要湖泊年度取水总量小于等于年度取水总量控制指标,赋5分	重要湖泊名录由各省(直辖市)确定。按照(年度取水总量小于等于年度取水总量控制指标的重要湖泊数量/重要湖泊总数)×5分赋分
	湖泊取水许可监督管理 (10)	(本项5分)重要湖泊取水许可审批全覆盖,赋5分	重要湖泊名录由各省(直辖市)确定。现场抽查,未按规定取得取水许可的取用水行为,每发现一起扣1分,扣完为止。
		(本项5分)重要湖泊取水监测设施全覆盖,赋5分	重要湖泊名录由各省(直辖市)确定。现场抽查,湖泊取水口未设置监测设施,每发现一起扣1分,扣完为止。
	湖泊生态水位(水量) (10)	(本项5分)制定重要湖泊生态水位(水量)控制目标,赋5分	查阅相关证明材料,酌情赋分。重要湖泊名录由各省(直辖市)确定。
		(本项5分)重要湖泊生态水位(水量)达到控制目标,赋5分	查阅监测记录、现场抽查。生态水位(水量)未达到控制目标,每发现一起扣1分,扣完为止。
	入湖排污口管理 (20)	(本项5分)完成入湖排污口摸底调查,赋5分	查阅规模以上、规模以上以上排污口名录及基本情况等资料。完成规模以上入湖排污口摸底调查,赋2分;完成规模以下入湖排污口摸底调查,赋3分
		(本项5分)入湖排污口设置审批全覆盖,赋5分	现场抽查,入湖排污口设置审批未履行审批程序,每发现一处扣0.5分,扣完为止。
		(本项5分)落实入湖排污口督导检查整改要求,赋5分	查阅上级检查文件、整改实落情况报告等,酌情赋分
		(本项5分)政府部门对规模以上入湖排污口监测全覆盖,赋5分	按照(开展水质监测的规模以上排污口数量/规模以上排污口总数)×5分赋分

续表

评价内容	评价指标	赋分标准	赋分说明
加强湖泊水资源保护和水污染防治（170）	入湖污染物总量管理（10）	（本项10分）年度入湖污染物总量未超过水功能区限排总量要求，赋10分	按照相关规划进行核算，酌情赋分
	水功能区水质（20）	（本项20分）湖泊及入湖河道水功能区达到年度水质考核目标，赋20分	湖泊按照（水质达标的湖泊水功能区数量/湖泊水功能区总数）×10分赋分；入湖河道按照（水质达标的入湖河道水功能区数量/入湖河道水功能区总数）×10分赋分
	工业污染防治（10）	（本项10分）完成环湖地区产业结构调整升级年度任务，赋10分	根据环湖地区各地产业结构调整升级工作计划安排，酌情赋分
	城镇污染治理（15）	（本项5分）按照省（直辖市）制定的水污染防治行动计划实施方案，完成环湖地区污水处理率达到年度目标，赋5分	参照水污染防治行动计划实施情况考核结果，未达目标不赋分。如未进行水污染防治行动计划实施情况考核，本项参照水污染防治行动计划实施情况考核数据口径，计算方法进行评价赋分
		（本项5分）环湖地区地级及以上城市污泥无害化处置率达到水污染防治行动计划实施情况考核年度要求，赋5分	参照水污染防治行动计划实施情况考核结果，未达目标不赋分。如未进行水污染防治行动计划实施情况考核，本项参照水污染防治行动计划实施情况考核数据口径，计算方法进行评价赋分
		（本项5分）推进湖泊汇水范围内城市管网建设和初期雨水收集处理设施建设，环湖地区实现全覆盖，赋5分	查阅资料，酌情赋分

评价内容	评价指标	赋 分 标 准	赋 分 说 明
加强湖泊水资源保护和水污染防治（170）	养殖污染防治（10）	（本项 5 分）环湖地区规模畜禽养殖场或养殖小区配套建设弃物处理利用设施，赋 5 分	参照水污染防治行动计划实施情况考核结果。如未进行水污染防治行动计划实施情况考核，计算方法进行评价。本项参照评价。按照（环湖地区配套建设废弃物处理利用设施的规模畜禽养殖场或养殖小区数量/环湖地区规模畜禽养殖场或养殖小区总数）×5 分赋分
		（本项 3 分）划定湖泊及周边水产养殖禁养区、限养区，赋 3 分	查阅划定文件、现场抽查，酌情赋分
		（本项 2 分）制定环湖地区养殖尾水处理排放标准，赋 2 分	查阅有关资料、现场抽查，酌情赋分
	农业面源污染治理（10）	（本项 10 分）环湖地区单位面积主要农作物肥药使用量较上一年实现零增长，赋 10 分	环湖地区单位面积主要农作物化肥施用量较上一年实现零增长，赋 5 分；环湖地区单位面积主要农作物农药使用量较上一年实现零增长，赋 5 分
	农村生活污水及生活垃圾处理（10）	（本项 5 分）环湖地区农村生活污水处理率达标，赋 5 分	参照水污染防治行动计划实施情况考核结果。如未进行水污染防治行动计划实施情况考核，计算方法进行评价。本项参照评价。按照环湖地区农村生活污水处理率 60%～100%，按照 0～5 分插值赋分；小于 60%，不得分
		（本项 2 分）开展环湖地区农村卫生厕所建设和改造，赋 2 分	根据《农村户厕卫生规范》，按照（完成环湖地区农村卫生厕所建设和改造的行政村数量/行政村总数）×2 分赋分
		（本项 3 分）环湖地区农村生活垃圾无害化处理率达标，赋 3 分	参照水污染防治行动计划实施情况考核结果。如未进行水污染防治行动计划实施情况考核，计算方法进行评价。本项参照评价。按照环湖地区农村生活垃圾无害化处理率 70%～100%，按照 0～3 分插值赋分；小于 70%，不得分

表 5－18 　加大湖泊水环境综合整治力度评价指标赋分说明

任务类型	评价指标	赋 分 标 准	赋 分 说 明
加大湖泊水环境综合整治力度（100）	黑臭水体控制比例（20）	（本项 20 分）开展黑臭湖泊水体整治，赋 20 分	参照水污染防治行动计划实施情况考核结果。如未进行水污染防治行动计划实施情况考核，本项参照水污染防治行动计划实施情况考核数据整治黑臭水体数量（面积），计算方法进行评价。按照 [地级及以上城市完成整治的湖泊黑臭水体数量（面积）/湖泊黑臭总数（面积）]×20 分赋分
	生态清洁小流域建设（20）	（本项 20 分）重要湖泊制定生态清洁小流域规划并组织实施，赋 20 分	重要湖泊名录由省（直辖市）确定。查阅相关规划及组织实施证明材料，酌情赋分
	湖泊生态清淤（10）	（本项 10 分）按照规划或工作方案完成湖泊生态清淤任务，赋 10 分	根据各地湖泊生态清淤规划或工作方案实施完成情况，酌情赋分
	入湖河道整治（20）	（本项 20 分）开展重要湖泊入湖河道综合整治，入湖河道水质在 III 类、II 类及以上，赋 20 分	重要湖泊名录由省（直辖市）确定。按照（水质达 III 类及以上入湖河道数量/入湖河道总数）×10 分赋分；按照（水质达 II 类及以上入湖河道数量/入湖河道总数）×10 分赋分
	加大湖泊引排水（10）	（本项 10 分）因地制宜制定重要湖泊引排水计划（方案）并实施，增强湖泊水体流动性，赋 10 分	重要湖泊名录由省（直辖市）确定。酌情赋分
	湖泊饮用水水源保护区划定（5）	（本项 5 分）完成湖泊饮用水源一级、二级保护区划定，赋 5 分	查阅饮用水水源保护区划定文件及相关证明材料，酌情赋分
	湖泊饮用水水源地达标及规范化建设（15）	（本项 10 分）湖泊饮用水水源地水质达标，赋 10 分	按照（湖泊达标饮用水水源地数量/湖泊水源地总数）×10 分赋分
		（本项 5 分）湖泊饮用水水源地通过安全保障达标建设，赋 5 分	按照（通过饮用水水源地安全保障达标建设的湖泊饮用水水源地数量/湖泊饮用水水源地总数）×5 分赋分

表 5 - 19　　　　开展湖泊生态治理与修复评价指标赋分说明

评价内容	评价指标	赋分标准	赋分说明
开展湖泊生态治理与修复(80)	退田还湖还湿、退渔还湖(15)	(本项 15 分) 制定退田还湖还湿、退渔还湖规划或实施方案并组织实施,赋 15 分	查阅有关规划成果、组织实施证明材料。制定退田还湖还湿、退渔还湖规划或实施方案组织实施退田还湖还湿、退渔还湖,赋 10 分
	河湖水系连通(10)	(本项 10 分) 完成江河湖库水系连通相关方案年度建设任务,赋 10 分	查阅项目完成情况报告,酌情赋分
	湖泊生态护岸比例(20)	(本项 20 分) 湖泊建设生态护岸,赋 20 分	生态护岸比例=(人工建设护岸中生态护岸长度/全部人工建设护岸总长度)×100%。比例在 50%～100%,按照 0～20 分插值赋分;小于 50%,不得分
	沿湖湿地建设(15)	(本项 15 分) 在不影响湖泊功能的前提下,因地制宜开展沿湖湿地、滨湖绿化带建设,赋 15 分	开展沿湖湿地、滨湖绿化带建设,酌情赋分
	水生生物资源养护、水生生物多样性(10)	(本项 10 分) 制定区域湖泊水生生物多样性保护方案并实施,赋 10 分	查阅水生生物多样性保护方案及实施等相关材料,酌情赋分
	湖泊健康评价(10)	(本项 10 分) 开展对水资源配置、水资源保护及水生态安全有较大影响的重要湖泊健康评价,赋 10 分	湖泊名录由省(直辖市)确定。按照(开展健康评价的湖泊数量/应开展健康评价的湖泊总数)×10 分赋分

表 5 - 20　　健全湖泊执法监管机制评价指标赋分说明

评价内容	评价指标	赋 分 标 准	赋 分 说 明
健全湖泊执法监管机制（80）	部门联合执法（20）	（本项 10 分）建立环湖地区部门联合执法机制并组织实施，赋 10 分	建立部门联合执法机制，有制度文件或会议纪要，赋 5 分；涉湖有关执法部门开展专项联合集中整治行动，有证明材料，赋 5 分
		（本项 10 分）建立环湖地区跨行政区联合执法机制并实施，赋 10 分	建立跨行政区联合会执法机制的，有制度文件或会议纪要，赋 5 分；跨行政区涉水执法部门联合开展专项执法和集中整治行动，有证明材料，赋 5 分
	行政执法与刑事司法衔接（20）	（本项 10 分）建立环湖地区行政执法与刑事司法衔接机制并组织实施，赋 10 分	查阅相关制度文件、会议纪要等。建立行政执法与刑事司法衔接机制，赋 5 分；行政执法与刑事司法衔接有实效，赋 5 分
		（本项 10 分）环湖地区涉湖违法行为移送司法得到有效处置的，赋 10 分	查阅涉水案件移交记录及处理结果，酌情赋分
	湖泊日常监管巡查（25）	（本项 5 分）建立湖泊日常监管巡查制度，赋 5 分	查阅相关制度文件，酌情赋分
		（本项 10 分）开展入湖河道水质、水量、水生态监测，赋 10 分	按照（开展水质水量水生态监测的入湖河道数量/行政区入湖河流总数）×10 分赋分
		（本项 10 分）针对湖泊违法水域岸线、水利工程和违法行为行进行动态监管，赋 10 分	利用卫星遥感、无人机航拍、实时监控，自动监测等多种手段进行动态监管。现场查看有关装备及动态监控资料
	落实湖泊管理保护执法监管责任主体（15）	（本项 15 分）落实湖泊管理保护执法监管人员、设备、经费，赋 15 分	查阅有关资料。明确湖泊管理保护执法监管人员，并满足监管工作需要，赋 5 分；配置湖泊管理保护执法监管设备，并满足监管工作需要，赋 5 分；落实湖泊管理保护执法监管经费，并满足监管工作需要，赋 5 分

表5-21 公众参与评价指标赋分说明

评价内容	评价指标	赋分标准	赋分说明
公众参与(50)	问卷调查(20)	(本项20分) 群众对湖长制工作满意，赋20分	通过实地走访、发放调查问卷、在线征求意见等多种方式在社会公众中开展对湖长制政策、工作要求、工作目标、工作成效等内容的民意调查。群众对湖长制工作满意度=(受访表态满意或问卷调查分数合格及以上的群众数量/受访的群众总数)×100%。群众对湖长制工作满意度70%~100%，按0~20分插值赋分；小于70%，不赋分。
	举报投诉及处理情况(15)	(本项10分) 建立湖长制举报投诉工作制度、窗口平台，赋10分，将举报投诉线索移交相关职能部门，赋10分	查阅有关资料、现场抽查核实、酌情赋分。
		(本项5分) 湖长制工作举报投诉处理率达100%，赋5分	举报投诉处理率=(直接处理或转办的举报投诉事项数量/受理的举报投诉事项总数)×100%。未达100%不赋分。
	处理结果反馈情况(15)	(本项15分) 群众举报投诉事项整改到位率达到100%，赋15分	整改到位率=(举报投诉事项中整改到位的事项数量/受理的事项总数)×100%。群众举报投诉事项整改到位率在70%~100%，按照0~15分插值赋分；小于70%，不得分。

表 5 - 22　激励加分评价指标赋分说明

评价内容	评价指标	赋 分 标 准	赋 分 说 明
激励加分（100）	湖长制体系建设（10）	（本项10分）提前建成湖长制，赋10分	2018年，6月底前建成湖长制，赋10分；8月底前建成湖长制，赋5分；10月底前建成湖长制，赋3分；年底建成不赋分
	湖长制机制创新（10）	（本项10分）建立湖长与河长联动机制，赋10分	查阅相关文件资料，酌情赋分
	湖长制法规创新（15）	（本项15分）推进湖长制立法，赋15分	出台湖长制专项立法，赋15分；将湖长制工作纳入地方性法规，酌情赋分，上限10分
	机构能力建设创新（10）	（本项10分）在河长制基础上新增湖长制人员编制，赋10分	查阅机构编制批复文件，酌情赋分
	编制湖泊保护专项规划（10）	（本项10分）编制湖泊保护专项规划并经批复实施，赋10分	查阅规划成果及批复文件，现场调查实施情况，酌情赋分
	湖泊治理科技创新（10）	（本项10分）在湖泊治理方面创新治理技术手段取得显著成效，赋10分	查阅成果得到省部级及以上主管部门认可并提供证明文件，酌情赋分
	水库纳入湖长制管理（15）	（本项15分）行政区水库纳入湖长制管理，赋15分	查阅相关文件资料。大型水库全部纳入，赋5分；中型水库全部纳入，赋5分；小型水库全部纳入，赋5分
	建立补偿激励机制（10）	（本项10分）建立针对湖泊的生态保护补偿等激励机制并组织实施，赋10分	查阅有关制度文件、会议纪要或实施证明材料，酌情赋分
	经验推广（10）	（本项5分）湖长制经验做法得到上级部门推广，赋5分	查阅有关文件资料，酌情赋分
		（本项5分）推广其他地区湖长制经验做法，赋5分	查阅有关文件资料，酌情赋分

167

惩罚扣分评价指标赋分说明

表 5 - 23

评价内容	评价指标	赋分标准	赋分说明
惩罚扣分	相关规划未开展环评	涉及湖泊开发利用的相关规划未依法开展规划环评，每发现一起扣 5 分	查阅相关规划审查资料、现场抽查
	打击涉湖违法行为不力	违法违规涉湖行为，每发现一起扣 5 分	现场抽查
	入湖排污口管理不力	规模以上入湖排污口水质不达标，每发现一处扣 5 分	查阅规模以上排污口监测数据等资料，抽查排污口水质
	入湖污染物总量管理不力	年度入湖污染物总量超过限排总量要求，未制定减量方案，扣 10 分	查阅相关资料，按照相关规划要求进行核算。酌情扣分
	工业污染防治不力	环湖地区应纳入取缔范围而未纳入、未取缔的"十小项目"，每发现一起扣 5 分	参照水污染防治行动计划实施情况考核结果。如未进行水污染防治行动计划实施情况考核，计算方法进行评价，本项参照水污染防治行动计划实施情况考核数据等资料，督查以日常检查、督查以反调查群众举报投诉环境同题等结果进行扣分
		环湖地区工业集聚区集中式污水处理设施未按要求建设运行，每发现一处扣分一处	参照水污染防治行动计划实施情况考核结果。如未进行水污染防治行动计划实施情况考核，计算方法进行评价，本项参照水污染防治行动计划实施情况考核数据等资料，现场抽查。环湖地区工业集聚区集中式污水处理设施未按期建设的，集中式污水处理设施排污口在线监控未按期安装并联网，每发现一处扣 2 分；工业废水预处理不达标，每发现一处扣 10 分；集中式污水处理设施运行不稳定、超标排放，每发现一处扣 5 分

续表

评价内容	评价指标	赋分标准	赋分说明
惩罚扣分	水产养殖污染治理不力	环湖地区未执行禁养区、限养区相关要求，每发现一处扣5分	现场抽查，禁养区内新建养殖场、养殖小区和养殖专业户，限养区污染物排放超标，网箱养殖面积超标等情况，予以扣分
	入湖河道整治不力	重要湖泊入湖河道水质类别较上年度每下降一个类别，每发现一起扣10分	查阅水质监测资料，并现场抽查。重要湖泊名录由省（直辖市）确定
	湖泊饮用水水源保护区管理不力	湖泊饮用水水源一级保护区存在新建、改建、扩建与供水设施和保护水源无关的建设项目和活动，每发现一起扣5分；湖泊饮用水水源二级保护区存在新建、改建、扩建排放污染物的建设项目和活动，每发现一起扣5分	现场抽查
	媒体曝光整改落实不力	针对媒体曝光的湖泊问题未能整改落实到位，每发现一起扣5分	查阅问题整改资料

表5-24   约束性指标赋分说明

评价内容	评价指标	赋分标准和说明
约束性指标	存在报送考核评价数据弄虚作假，情节严重	考核结果为不合格
	以任何形式围湖造地、造田	考核结果为不合格
	湖泊重要饮用水水源地发生水污染事件应对不力，严重影响供水安全	考核结果为不合格
	违法占用湖泊水域	总分扣30分，并在此基础上考核评价等级再下调一级
	不严格执行水量调度计划、情节严重	总分扣30分，并在此基础上考核评价等级再下调一级
	未严格执行节水"三同时"管理制度	总分扣30分，并在此基础上考核评价等级再下调一级
	被中央环保督察发现湖泊管理改革不力	总分扣30分，并在此基础上考核评价等级再下调一级
	对明察暗访反映问题存在严重问题	总分扣30分，并在此基础上考核评价等级再下调一级
	被省级及以上主流媒体曝光2次及以上	总分扣30分，并在此基础上考核评价等级再下调一级

▶ 第二节 考 核 评 价 ◀

一、适用范围

本指标体系适用于太湖流域片各级河长制湖长制考核评价工作，考核评价主体可为各级党委政府或河长湖长，也可结合本地区实际，选取相应的考核评价指标。水利、环保、住建、农业等相关部门可按照职责分工细化分解考核指标，调整优化赋分权重。

二、使用方法

应用本指标体系开展考核评价工作，可由上一级党委政府或河长湖长组织，相应的河长制办公室负责具体实施，或以委托第三方评价的方式进行。

可由被考核地区或河长湖长对照本指标体系以及河长制湖长制相关要求组织开展自评，形成自评报告，并附相关证明材料，提交上一级党委政府或河长湖长。相应的河长制办公室或第三方评价机构授权在资料核查的基础上，采取暗访明察、座谈交流、查阅资料等方式，对被考核党委政府或河长湖长的河长制湖长制各项任务落实情况进行核查和赋分。

三、加强与相关考核衔接

本指标体系部分指标参照年度最严格水资源管理制度考核、水污染防治行动计划实施情况考核结果进行评价，被考核地区应同时提供年度最严格水资源管理制度考核、水污染防治行动计划实施情况考核材料，并对资料真实性负责。

四、加强技术指导

河长制办公室、有关部门单位等应加强考核评价工作技术指导，组织开展考核组及被考核地区有关人员的业务培训，确保考核评价相关信息数据的收集、填报、统计、上报、核查和评价全面系统、准确可靠。

五、考核评价结果运用

采用本指标体系进行考核评价的结果可作为地方党政领导干部选拔使用、自然资源资产离任审计的重要依据。考核评价结果也可与各级河湖管理、保护、治理补助资金或奖励资金等挂钩，也可作为有关表彰奖励的重要依据。对考核评价结果较差的地区或河长湖长可给予通报或约谈，并按照相关规定问责。

1. 河长制考核评价

流域片河长制考核评价总分值为 1000 分。其中，建立完善长效机制 200 分，落实主要任务 650 分（加强水资源保护 130 分、加强河湖水域岸线管理保护 100 分、加强水污染防治 100 分、加强水环境治理 100 分、加强水生态修复 120 分、加强执法监管 100 分），公众参与 50 分，激励与约束 100 分（激励加分 100 分、惩罚扣分不设上限、约束性指标总项扣 180 分）。

考核评分结果划分为四个等级：

（1）优秀：900～1000 分，含 900 分。

（2）良好：800～900 分，含 800 分。

（3）合格：600～800 分，含 600 分。

（4）不合格：低于 600 分。

约束性指标按以下两种情形处理：

（1）出现以下情形之一，评价结果为不合格：

1）存在报送考核数据弄虚作假；

2）以任何形式围湖造地、造田；

3）重要饮用水水源地发生水污染事件应对不力，严重影响供水安全。

（2）出现以下情形之一，考核总分扣 30 分，并在此基础上考核评价等级再下调一级：

1）违法侵占河湖水域；

2）不执行水量调度计划，情节严重；

3）未执行节水"三同时"管理制度；

4）被中央环保督察发现河湖管理存在严重问题；

5）对明察暗访反映问题整改不力；

6）被省级及以上主流媒体曝光2次及以上。

2. 湖长制考核评价

流域片湖长制考核评价总分值为1000分。其中，建立健全湖长制工作机制200分，落实主要任务650分（严格湖泊水域空间管控120分、强化湖泊岸线管理保护100分、加强湖泊水资源保护和水污染防治170分、加大湖泊水环境综合整治力度100分、开展湖泊生态治理与修复80分、健全湖泊执法监管机制80分），公众参与50分，激励与约束100分（激励加分100分、惩罚扣分不设上限、约束性指标总项扣180分）。

考核评分结果划分为四个等级：

（1）优秀：900～1000分，含900分。

（2）良好：800～900分，含800分。

（3）合格：600～800分，含600分。

（4）不合格：低于600分。

约束性指标按以下两种情形处理：

（1）出现以下情形之一，评价结果为不合格：

1）存在报送考核数据弄虚作假；

2）以任何形式围湖造地、造田；

3）湖泊重要饮用水水源地发生水污染事件应对不力，严重影响供水安全。

（2）出现以下情形之一，考核总分扣30分，并在此基础上考核评价等级再下调一级：

1）违法侵占湖泊水域；

2）不执行水量调度计划，情节严重；

3）未执行节水"三同时"管理制度；

4）被中央环保督察发现湖泊管理存在严重问题；

5）对明察暗访反映问题整改不力；

6）被省级及以上主流媒体曝光 2 次及以上。

▶ 第三节　有关术语说明 ◀

（1）公示牌信息主要包括河湖长度（面积）、流域面积、蓄水量、主要控制建筑物等；水域管理职责、治理目标和保护要求等；河长湖长姓名职务、联系方式、监督电话等。

（2）河长制湖长制管理信息系统业务模块包括信息管理、信息服务、巡河管理、事件处理、抽查督导、考核评估、展示发布和移动平台八个方面。

（3）河湖基础信息包括河湖名称、等级、流域面积、河湖基本水文特征等，覆盖省、市、县、乡各级河长的基本信息，河长公示牌、水功能区、污染源、排污口、取水口、污水处理设施、岸线利用信息、全景图等基础数据。

（4）农业水价综合改革实际实施面积是指县级行政区（含直辖市所辖区、县）自部署实施农业水价综合改革以来已实施的总面积，计划实施面积是指计划实施的总面积。

（5）城市非常规水资源替代率是指再生水、海水、雨水、矿井水、苦咸水等非常规水资源利用总量与城市用水总量（新水量）的比值。再生水、海水、雨水、矿井水、苦咸水等利用量的具体说明参见《国家节水型城市考核标准》（建城〔2012〕57 号）。

（6）城市供水管网漏损率是指城市公共供水总量和城市公共供水注册用户用水量之差与城市公共供水总量的比值，按照《城镇供水管网漏损控制及评定标准》（CJJ 92—2016）规定修正核减后的漏损率计。

（7）城市居民生活用水是指使用公共供水设施或自建供水设施供水的城市居民人均日生活用水量。

（8）节水型企业覆盖率是指省级节水型企业年用水量之和与城市工业用水总量的比值，按新水量计。省级节水型企业是指达到省级节水型单位评价办法或标准要求，由省级主管部门会同有关部门公布的非居民、非工业用水单位。

（9）用水总量控制目标指用水总量指标。用水总量指各类用水户取用的含输水损失在内的毛水量，包括农业用水、工业用水、生活用水、人工生态环境补水四类。当年用水总量折算成平水年用水总量进行考核。农业用水指农田灌溉用水、林果地灌溉用水、草地灌溉用水和鱼塘补水。工业用水指工矿企业在生产过程中用于制造、加工、冷却、空调、净化、洗涤等方面的用水，按新水取用量计，不包括企业内部的重复利用水量。水力发电等河道内用水不计入用水量。生活用水包括城镇生活用水和农村生活用水，城镇生活用水由居民用水和公共用水（含第三产业及建筑业等用水）组成。人工生态环境补水包括人为措施供给的城镇环境用水和部分河湖、湿地补水，不包括降水、径流自然满足的水量。

（10）万元国内生产总值用水量指用水总量与国内生产总值（以万元计）的比值。计算公式为：万元国内生产总值用水量（立方米/万元）=用水总量（立方米）/国内生产总值（万元）。其中，国内生产总值按 2015 年可比价计。万元国内生产总值用水量降幅指当年度万元国内生产总值用水量比 2015 年下降的百分比。

（11）万元工业增加值用水量指工业用水量与工业增加值（以万元计）的比值。计算公式为：万元工业增加值用水量（立方米/万元）=工业用水量（立方米）/工业增加值（万元）。其中，工业增加值按 2015 年可比价计。万元工业增加值用水量降幅指当年度万元工业增加值用水量比 2015 年下降的百分比。

（12）农田灌溉水有效利用系数指灌入田间可被作物吸收利用的水量与灌溉系统取用的灌溉总水量的比值。计算公式为：农田灌溉水有效利用系数=灌入田间可被作物吸收利用的水量（立方米）/灌溉系统取用的灌溉总水量（立方米）。

（13）重要江河湖泊水功能区水质达标率指水质评价达标的水功能区数量与全部参与考核的水功能区数量的比值（单位为百分比）。计算公式为：重要江河湖泊水功能区水质达标率=（达标的水功能区数量/参与考核的水功能区数量）×100％。

（14）规模以上入河排污口是指废污水排放量大于300吨/天或10万吨/年的入河排污口。

（15）集中式饮用水水源地是指进入输水管网送到用户或具有一定取水规模（供水人口一般大于1000人）的在用、备用和规划水源地。

（16）生态护岸是指利用植物或者植物与土木工程相结合，对河湖等水体岸边带进行防护的一种河道护坡形式，具有防止河岸坍方、维持岸边生物群落自然生长、沟通地表地下水力联系、增强河道自净能力的功能和自然景观效果。

（17）水环境风险评估排查、预警预报与响应机制主要包括完善水污染事故处置应急预案，落实责任主体，明确预警预报与响应程序、应急处置及保障措施等内容，依法及时公布预警信息。

（18）农村卫生厕所建设和改造要求是指按照《农村户厕卫生规范》（GB 19379—2012），有墙、有顶，厕坑及储粪池不渗漏，厕内清洁，无蝇蛆，基本无臭，储粪池密闭有盖，粪便及时清除并进行无害化处理。

（19）分散式饮用水水源地是指供水小于一定规模（供水人口一般在1000人以下）的现用、备用和规划饮用水水源地。

（20）生态流量（水位）控制目标指流域（区域）重要水体流量或水位满足最小生态流量或水位的天数比例。

（21）行政执法与刑事司法衔接是指行政执法主体在执法过程中，发现涉水违法行为涉嫌违反治安管理处罚或者构成犯罪的，依法及时向有关司法机关移交，坚决禁止有法不依，以罚代刑。

（22）生态保护红线是指在生态空间范围内具有特殊重要生态功能、必须强制性严格保护的区域，是保障和维护国家生态安全的底线和生命线，通常包括具有重要水源涵养、生物多样性维护、水土保持、防风固沙、海岸生态稳定等功能的生态功能重要区域，以及水土流失、土地沙化、石漠化、盐渍化等生态环境敏感脆弱区域。

（23）生态清洁小流域是指在传统小流域综合治理基础上，将水资源保护、面源污染防治、农村垃圾及污水处理等结合到一起的一种新型综合治理模式。其建设目标是沟道侵蚀得到控制、坡面侵蚀强度在轻度（含轻度）以下、水体清洁且非富营养化、行洪安全，生态系统良性循环的小流域。

（24）专项治理行动是指针对河湖管理保护中的突出问题，开展水资源保护、水域岸线管理、水污染防治、水环境治理等方面的专项行动。尤其对侵占河道、超标排污、非法采砂等突出问题，开展专项整治行动、综合执法行动、河湖面貌改善行动等。

（25）涉河湖违法行为主要包括：在河湖上非法排污、设障、捕捞、养殖、采砂、取土、采矿、围垦等活动；在河湖管理范围内乱扔乱堆垃圾，倾倒、填埋、贮存、堆放固体废物，弃置堆放阻碍行洪的物体；河湖水域岸线长期被占而不用、多占少用、滥占滥用，在河道管理范围内修建阻碍行洪的建筑物、构筑物等。

第六章

典 型 案 例

▶ 第一节 江苏省无锡市 ◀

无锡市作为河长制的起源地,2007年8月,在全国率先实行由地方行政首长负责的河长制。十年来,经过不断的探索与实践,逐步形成了河长制"党政领导、河长主导、上下联动、部门共治、长效管护"的管理机制和"全覆盖、共参与、真落实、严监管、重奖惩"的工作特色。无锡市探索建立"五联治水"新模式,打造"无锡市河长制管理升级版"。总结十年来的实践经验与做法,无锡市河长制工作始终做到"五个坚持":一是始终坚持绿色发展、生态优先;二是始终坚持党政领导、河长主导;三是始终坚持系统治理、机制创新;四是始终坚持问题导向、一河一策;五是始终坚持依法监管、铁腕治污。

无锡,北临长江,南濒太湖,京杭大运河穿城而过,是著名的"江南水乡"。境内河网密布,水系发达,辖区内有规模河流5635条、水库19座,全市水域面积达32.4%。得天独厚的水资源禀赋,造就了无锡因水而生、因水而美、因水而兴的山水文化特质。传统发展方式在创造"苏南模式"奇迹的同时也逐渐积累了许多环境问题,其中水环境问题尤其突出。2007年爆发的太湖水危机,不仅为长期粗放经济增长方式敲响了警钟,更成为无锡水环境治理的"新起点"。2007年,无锡在全国首创河长制管理。十年来,无锡坚持贯彻绿色发展理念,把全面推行河长制作为生态文明建设的主要内容和转变发展方式的重要抓手,各级党委政府发挥主体作用,明确责任分工、强化统筹协调，积极构建人与自然和谐发展的河湖生态管护新格局，逐步形成了河长制"党政领导、河长主导、上下联动、部门共治、长效管护"的管理机制和"全覆盖、共参与、真落实、严监管、重奖惩"的工作特色，探索走出了一条具有无锡特色的河湖水问题治理新路，为维护河湖健康生命、加强生态文明建设、促进经济社会可持续发展作出了重要贡献。

一、十年"河长"路，见力于高处落子的责任体系

河长制的核心是党政领导负责制。无锡市高度重视河湖治理与保护工作，坚持以制度建设为切入点，坚持以组织建设为着力点，坚持以部门联动为关键点，系统治理、有序发力，坚持源头治理、精准治理、综合治理、依法治理、长效治理，全面打好新时期治水攻坚战。一是党政领导高起点谋划。2007 年以来，无锡市委、市政府始终把治水摆在全市工作的核心位置。围绕保护水资源、防治水污染、治理水环境、修复水生态等课题，形成了市委"一把手"亲自抓、党政"一班人"共同抓、分管领导具体抓、单位部门层层抓的良好局面。特别是最近两年，市委、市政府站在全局和战略的高度，充分认识到加强水环境治理的重要性和紧迫性，坚定不移地贯彻"抓生态就是抓发展抓民生"的绿色发展理念，强力推进以治水为重点的生态环境保护。"十三五"第一个全局性会议就是专题研究太湖治理和河道综合整治工作，2016 年春节后出台的第一个指导性文件就是《关于进一步深化太湖水污染防治工作的意见》，充分体现了市委、市政府打好水环境治理补短攻坚战的信心和决心。二是政策制度全方位设计。2007 年起，先后出台《无锡市河（湖、库、荡、氿）断面水质控制目标及考核办法（试行）》，中共无锡市委、无锡市人民政府《关于全面建立"河（湖、库、荡、氿）长制"全面加强河（湖、库、荡、氿）综合整治和管理的决定》（锡委发〔2008〕55 号），明确由地方党政负责人担任河长，作为所挂钩河道的第一责任人，对水生态环境、水环境质量持续改善和断面水质达标负领导责任，负责牵头组织河道综合治理，抓工作推进和

横向协调，落实长效管理措施。2009 年，在《无锡市河道管理条例》中，又将河长职责和相关工作要求以地方法规的形式固定下来，为全市河长制工作提供了有力的法制支撑。三是组织架构多层次布局。通过组织建设，理顺了全市河长制管理的运行体制。至2010 年，全市 5635 条村级以上河道实现河长制管理全覆盖，市、县（区）、镇（街道）、村（社区）四级河长全部落实，各级河长分工履职，责权明确。其中 13 条主要入湖河道实行"省、市双河长"管理，由省、市主要领导共同担任河长；25 条无锡市主要河道由各市（县）区主要领导担任河长。市河长制工作领导小组的日常工作明确由水利部门牵头，领导小组办公室设在市水利局，领导小组成员单位涵盖涉水各职能部门。至 2012 年，市、县（区）、镇（街道）三级河长制工作领导小组办公室全部实现挂牌办公，落实了河长办机构职能，夯实了河长制管理工作基础。四是职能部门高效率联管。在各级河长办牵头下，河长制工作领导小组成员单位间建立起了定期联席会议制度、部门联络员制度、信息共享制度，积极协调部门关系，分解落实工作任务。市河长办建成河长制信息管理系统，即时联网发布有关工作动态、问题清单、整改要求、监督考核等信息。水利、发改、规划、环保、市政、住建、交通、农林、城管等部门各司其职，在政策导向、立项审批、工程建设、综合整治、安全保障等方面配合、指导和督查，联管效率进一步提升。水系优化、生态清淤、调水引流、控源截污、面源治理、产业结构调整等措施全方位协调推进，形成了强大的治水管水工作合力。

二、十年"河长"路，见功于高效落实的担当作为

河长制的关键在于河长的担当作为。十年前的太湖水危机，问题在水里，根子在岸上；不是一朝一夕形成的，也不是靠无锡一地就能解决的。危机面前，无锡市委、市政府没有推卸责任，而是为水生态文明建设主动担当、探索新路，创造性地采取河长制管理模式，并成功地化危为机，打开了河湖治理管护的新局面。实施河长制以来，无锡市坚持以法制化治理提高"河长"治水威信，以系统

化管理提高"河长"治水实效，以生态化修复丰富"河长"治水内容，以群众化机制强化"河长"治水力量，务求实现河湖管护水平全面提升。一是因地制宜，落实"一河一策"。全市河道按照分级管理要求，对河道水系规划进行修编，提出水系优化、综合治理、控源优先、长效管理等理念，注重河道治理与生态文明建设、城中村改造、新农村建设有机结合，建立"一河一档"，落实河道整治"一河一策"，并且实现动态更新。二是加大投入，强化资金保障。加大各级财政投入力度，落实好整治后长效管理经费来源。十年来，各级财政平均每年增加近 4 亿元直接用于河长制管理专项工作，投入河湖治理资金累计达 470 亿元，其中地方投入 393 亿元。三是截污先行，开展达标创建。坚持从截污控源入手，全面开展河道排污口封堵行动。2007 年以来新建管网超过 4000 千米，全市污水主管网总长度超过 8000 千米，基本实现城乡全覆盖。建成覆盖所有城镇的 73 座污水处理厂，全部达到一级 A 排放标准，日处理能力达到 218.4 万吨。广泛开展"排水达标区"创建活动，累计建成 5081 个"排水达标区"，全市城镇污水集中处理率达到 90%，其中主城区达 95%，建成国内一流的污水收集和处理体系，为河道水质稳定提升奠定基础。四是产业调整，加快转型升级。近几年，无锡在调整产业结构、淘汰高污染高排放产能上做了大量工作。坚决实施严格的环境准入制度，劝退和否决 2100 多个"不环保"项目，确保新上项目符合国家相关政策规定、无锡产业发展方向和水环境治理的基本需求。坚决淘汰了一批"三高两低"和"五小"企业，累计关停企业 2819 家，搬迁入园工业企业 3200 余家，市区 116 家企业全部"退城入园"。五是多措并举，推进生态治理。先后开展"清河行动"、城区河道黑臭河道综合治理、"十三五"新一轮河道综合整治等工作，投资近 30 亿元。2016 年全市共完成中央财政小型农田水利重点县专项工程 23 个，完成总投资 7.44 亿元。梅梁湖、大渲河泵站持续调水，拉动太湖无锡片区水体流动。独创机械化打捞蓝藻新模式，建成 15 座各类型藻水分离站，每年打捞太湖蓝藻和水草百万吨。大力实施太湖生态清淤，"十二五"期间完成清淤 2300 万立方米，占全省总量的 72％。开展水美乡镇、水美村庄建设，极大地促进了河道治理、生态修复，城乡河道水质、水生态明显改善。全面开展自然湿地抢救性保护工作，湿地建设总投资达到 28.5 亿元，有效保护了湿地资源和生物多样性。目前共有湿地面积 10.8 万公顷，占全市国土面积 22.5％，其中自然湿地 7.3 万公顷，受保护面积 3.9 万公顷；已建成梁鸿、蠡湖、长广溪 3 个国家湿地公园，宜兴云湖、江阴芙蓉湖、太湖大溪港 3 个省级湿地公园，十八湾等 16 个湿地保护小区；恢复湿地 3400 多公顷，自然湿地保护率从 2011 年的 16.6％ 提升到 2016 年的 50％。六是依法行政，攻克管理难点。2010 年以来，累计审查各类涉河建设项目 500 余件，对涉及水系调整、主要引排通道的建设项目一律要求进行防洪评价、对水域面积"占补平衡"依法强化监管。全市各级河长办协调水利、公安、建设、城管、交通等部门开展联合执法，依法查处了各类涉河违法行为 800 余起，立案查处 72 件，涉河水事违法行为得到有效遏制。七是宣传发动，鼓励全民参与。随着河长制的逐渐深入，社会群众参与河道管理的热情高涨。至 2016 年，全市登记在册的河道保护志愿者从最初的 50 人发展到 5000 余人。十年来共举办环太湖骑行、"千名市民看水利""保护母亲河"万人接力长跑等大型公益活动 150 余次，参与人数超过 20 万人次。八是创新实践，打造管理亮点。各市（县）区也依据本地区实际，积极探索，创新实践河长管理新模式。锡山区根据本地区河流水系特点，建立"片长制"管理模式，由四套班子领导担任"片长"，部署、协调、监督本片的河长制工作；惠山区推行河长履职保证金制度，将水质达标、河道面貌与河长绩效考核挂钩；江阴市实行河道星级评定制度，对河道治理和长效管护水平进行等级评定，积极做好示范引领。

三、十年"河长"路，见效于高压落地的监管模式

河长制的保证在于监管问责。无锡市特别突出严格的河长监管机制，强化河长的"第一责任"，每条河的河长固定对应具体的党政领导岗位，不因人事变动影响河长履职，保证了工作的持续性和

有效性，确保各项目标任务得到落实。一是严格落实公共监督机制。全市5635条村级以上河道均制作了"河长制管理公示牌"，标明河道基本情况、河长姓名、河长职责、举报电话等内容，竖立在河岸醒目位置，并聘请新闻媒体、社会监督员、河道志愿者对河湖管理保护进行监督和评价。二是严格领导挂牌督导机制。省委常委、无锡市委书记李小敏高度重视河长制管理工作，亲自指挥部署全市河道环境综合整治和黑臭河道治理工作，多次突击检查河道现场，约谈基层河长，对发现的问题当场提出整改要求。市长汪泉、市纪委书记王唤春、副市长朱爱勋、刘霞等市领导都认真履行河长职责，积极开展工作调研和督查巡查，分片指导河长制工作有序开展。三是严格落实巡检通报机制。每月对省、市主要河道水质情况进行监测并通报水质信息。各级河长办会同监察部门，对河长履职、重点工作推进、各成员单位履职情况进行重点督查。对检查中发现的问题，由河长办进行通报，督促河长履职，积极协调有关部门进行问题整改。四是严格落实行政问责机制。相继出台《无锡市治理太湖保护水源工作问责办法（试行）》《关于对市委、市政府重大决策部署执行不力实行"一票否决"的意见》，对工作不力、拖延懈怠、推诿塞责的有关责任人进行诫勉谈话；对存在玩忽职守、失职、渎职等行为的有关责任人，依照有关法律、法规追究责任。全市先后有17名河长因为河道水环境治理不达标被上级主管部门诫勉谈话。同时，市河长办通过组织定期检查与抽查、全面检查与专项检查等方式，对各地区河长制管理工作实施分阶段考核和年终考核，对考核得分和排名情况及时予以通报。全市工作基本形成了以制度为保障、以考核为促动的监督管理模式。

通过十年努力，无锡河湖管理与保护成效显著。一是水体功能逐步提升。全市重点水功能区水质达标率2016年提升到67%，较2012年提升23.4个百分点；7个饮用水水源地水质达标率达100%。二是太湖水质持续向好。太湖湖体氨氮、总磷、总氮、高锰酸盐指数等主要水质指标逐年改善，蓝藻发生的面积、强度、频次、藻密度、生物量、富营养指数等明显下降，大面积湖泛现象基本消失。三是用水效率不断提高。各项用水指标稳中有降，全市万元工业增加值取水量由 2005 年的 30.7 立方米下降到 2016 年的 10.4 立方米，万元 GDP 取水量由 111.5 立方米下降到 31.3 立方米。四是治水实绩日益彰显。先后荣膺全国最佳人居环境城市、国家环保模范城市、国家节水型城市、全国水生态系统保护与修复示范市、全国节水型社会建设示范区、中国最具国际生态竞争力城市、中国最佳绿色生态旅游名城、中国最具幸福感城市。

回顾十年奋斗，无锡市治水成绩来之不易，总结十年来的创新实践，必须做到"五个始终坚持"：一是始终坚持绿色发展、生态优先。习近平总书记视察江苏时特别强调要"走出一条经济发展和生态文明相辅相成、相得益彰的路子"，深刻阐释了"绿水青山"和"金山银山"的辩证关系。因此，坚持把绿色发展理念作为经济社会发展的重要遵循来落实，坚持把生态文明建设作为实现高水平全面建成小康社会目标的决胜环节来谋划，坚持把河湖治理与保护作为无锡"生命工程"来推动。二是始终坚持党政领导、河长主导。河长制的核心是党政领导负责制，离开了党政领导这个前提，直接影响到河湖治理与经济社会发展大局的有机结合，影响到河长权威的有效树立，影响到各级责任体系的有力落实；离开了河长这个关键岗位，牵头抓总、各负其责、通力协作的工作格局就确立不起来，直接影响到能不能集中精力办大事、集中资源办实事。三是始终坚持系统治理、机制创新。河长制的实质是系统治理，靠的是机制创新。推行河长制就是要改变"九龙治水"群龙无首、各行其道的状况，变为一个河长来综合包干、整体协调、全面治理，从而有效调动各职能部门和全社会方方面面的积极性，统筹下好治水"一盘棋"。在这个过程中，需要大力推进机制创新，以更接地气、更具活力的机制来为河湖治理系统工程添加"润滑剂"和"助燃剂"。四是始终坚持问题导向、"一河一策"。河长制的目的是为了化解水环境、水资源等方面的问题。一方面治水工作面临着各种新老水问题交织的复杂形势，另一方面不同类型的河湖产生着面积缩减、功能退化、水质不良、水体黑臭等不同问题，需要我们因河制宜、科学把脉、对症下药，坚持"一河一策"，扎扎实实做好补短、补缺、补弱各项工作，为系统推进河湖保护和水生态环境整体改善打下坚实基础。五是始终坚持依法监管、铁腕治污。河长制的执行必须有强有力的法治保障，必须推动河湖依法管理，严格河湖水域保护，确保治水工作始终在法治化、制度化、规范化轨道上运行。同时必须切实加强考核监督顶层设计和制度建设，创新考核督查方式，拓展公众参与渠道，保持高压态势不松劲，从严追责不手软，力求河湖治理见常态、见实绩、见长效。

当前，河长制站上了新的历史高度和发展起点。中共中央全面深化改革领导小组第二十八次会议召开后，中共中央办公厅、国务院办公厅出台了《关于全面推行河长制的意见》；全国两会上"全面推行河长制"首次写入政府工作报告；习近平总书记在2017年新年贺词中明确指出"每条河流都要有'河长'了"，标志着无锡首创的河长制模式已从当年应对水危机的应急之策上升为国家意志，成为全面深化改革的一项重要举措。这对全国水环境治理和水生态文明建设提出了新命题，也对无锡这个河长制发源地提出了新考验。

在指导思想上，无锡市将深入学习贯彻习近平总书记系列重要讲话特别是视察江苏重要讲话精神，坚决贯彻中央、部、省的决策部署和意见精神，牢固树立新发展理念，认真践行"节水优先、空间均衡、系统治理、两手发力"的新时期治水方针，围绕加强水资源管理、加强水污染防治、加强水环境治理、加强水生态修复、加强河湖资源保护、加强河湖执法监督、加强河湖长效管护、加强河湖综合功能八大任务，在全市江河湖库全面深化河长制，构建责任明确、协调有序、监管严格、保护有力的河湖管理保护机制，统筹河湖功能管理、资源保护和生态环境治理，坚决打赢治水攻坚战，维护河湖健康生命，实现永续利用，为高水平全面建成小康社会，建设"强富美高"新无锡奠定良好生态环境基础。

在发展目标上，无锡市将继续坚持"绿色发展、生态优先，党政领导、部门联动，系统治理、'一河一策'，依法管理、长效管护，强化监督、严格考核"的基本原则，确保到 2020 年，全市河湖管理保护规划体系基本建立，河湖管理机构、人员、经费全面落实，集中饮用水水源地水质达标率保持 100％，重点水功能区水质达标率达到 82％，国考断面水质优于Ⅲ类水的比例达到 70％以上，全市黑臭和地表水丧失使用功能（劣于Ⅴ类）的水体基本消除，地表水质优于Ⅲ类水的比例达到 70％以上，河湖资源利用科学有序，河湖水域面积稳中有升，河湖防洪供水生态功能明显提升，"互联互通、功能良好、水质达标、生态优美"的现代河网水系基本建成，群众满意度和获得感明显提高。

在工作方法上，无锡市将认真抓好源头治理、精准治理、综合治理、依法治理、长效治理，探索形成"五联治水"新模式，加快打造"无锡河长制管理升级版"，努力走出一条具有无锡特色的水生态文明建设道路。

一是进一步升级方向标，做到上下联推。"上下同欲者胜。"面对新形势新要求，无锡治水工作取得了阶段性成果，但水质根本性好转的拐点尚未到来，河湖治理任务仍非常艰巨，无锡市不断自我加压，牢固树立"在路上"和"再出发"的理念，始终走在前列。在方向上要对标，切实加强对中央、部、省新部署新要求的学习贯彻，真正认识到全面推行河长制是制度创新，是战略举措，也是对新发展理念的有力落实，在吃透上级文件精神、做好与无锡实际对接上下功夫。在工作上要提标，对河湖管理保护规划体系、现代河网水系建设和重点水功能区水质达标率、国考断面水质和地表水质优于Ⅲ类水的比例等提出新的更高要求，体现河长制管理升级版的先进性和激励性。在执行上要定标，优化制定全面深化河长制管理的市级实施方案，对各级总河长、河长制办公室以及水利、环保、市政园林、住建、交通运输、城管、农委和市太湖办等部门的工作职责进行细化完善，对序时进度要求、配套工作制度、财政专项投入等作出科学、明确安排。

二是进一步织密责任网，做到纵横联动。无锡市河长制的市、县（市、区）、镇（街道）、村（社区）四级河长体系基本完善，全市村级以上河道河长制管理实现全覆盖。下阶段，要将重担压向关键处，进一步夯实以党政领导负责制为核心的责任体系，在任务压实、责任传导这个关键点上动真碰硬，强化工作措施，协调各方力量，层层传导压力、层层分解任务，及时解决矛盾问题，推动工作有序展开。重心要落向细微处，把视线投向全域水系，更加关注"毛细血管"，做到全市范围内的河道、湖泊、水库等各类水域河长制管理全覆盖，使"河湖水网生命体"的健康得到全面维护。重点要移向疑难处，认真梳理和研究河长制实践过程中的"老大难"问题、"卡脖子"项目，对热点难点问题建立工作小组，挂图作战、聚力攻坚、限期办结，为全面深化河长制、打开治水工作新局面扫平障碍。

三是进一步发力补短板，做到城乡联建。无锡的生态环境问题，最突出的就是水环境问题。在上一轮发展中，受粗放发展方式、城乡二元体制双重影响，在水环境上有不少欠账，是生态文明建设的短板，也是经济社会发展的短板。因此，无锡市扎实推进生产一体化减排，工业污染治理既注重源头治理又强化末端治理，促进工业企业达标排放。农业污染治理上切实做到将源头减量、过程阻控、末端循环相结合，有效减少农业面源污染。扎实推进生活一体化改善，根据城乡不同特点，积极推动广大人民群众确立绿色生活理念，转变生活方式。同时，大力加强治污设施的建设和运行维护，进一步提高城乡生活污水接管率、处理率和达标率。扎实推进生态一体化修复，坚持保护优先、自然恢复为主，实施山水林田湖生态保护和修复工程，加大河湖源头区、水源涵养区、生态敏感区保护力度，打通山水林田湖间的"关节"和"经脉"，建设人水和谐的海绵城市和美丽乡村。

四是进一步探索创新策，做到标本联治。面对水环境新老问题交织的实际情况，将坚持标本兼治、治本为上的原则，用创新的思维、创新的技术、创新的方法来化解。把创新体现到源头治理上，河湖污染的源头在产业结构、经济增长方式之中。将坚定实施创新驱动战略和产业强市主导战略，坚持以发展具有比较优势的战略性新兴产业为优先选项打造"智慧名城"，以发展具有领先优势的智能制造为主攻方向打造"智造强市"，以发展具有特色优势的现代服务业为重要取向建设长三角服务业高地和全国服务经济转型发展示范区，从而有效实现产业结构的调整、生产方式的转变和绿色低碳循环经济的振兴，从源头上减少污染产生和排放总量。把创新体现到技术改进上，切实加大水污染防治的基础性研究，积极与科研院所和高校开展科技合作，加快环保科技成果运用和转化，加强专业人才队伍建设，同时综合环境监测、污染源监控、环境执法、环评管理等功能建设河长制信息平台，进一步提升河湖空间动态监管和治理管护的信息化水平。把创新体现到制度完善上，进一步完善联席会议、河长巡查等工作制度，提高工作效能；进一步构建完善河湖规划引领约束机制、生态保护补偿机制以及水权、排污权、碳排放权初始分配制度和交易制度；进一步拓展社会资金进入渠道，积极培育环境治理、维修养护、河道保洁等市场主体，充分激发治理管护的动力和活力。

五是进一步彰显公信力，做到内外联督。"河道整治工作一头连着党委政府的公信力，一头连着百姓的心。"河湖治理是发展大计、工作大局、民生大事，河长制本身就是一种铁腕治水、治水惠民的决心和承诺，无锡市将把监管督查摆上更为重要的位置抓实抓严。强化执法监管，统筹水利、环保、国土资源、交通运输等部门的行政执法职能，推进流域综合执法协作，全面加强河湖管理执法能力建设，有效提升对重点区域、敏感水域执法监管力度。同时，推进行政执法与刑事司法有效衔接，对重大水事违法案件实行挂牌督办，严厉打击涉河涉湖违法犯罪活动。强化考核力度，突出"督政"，健全完善包括第三方监测评估在内的河长制绩效考核评价体系，实行财政补助资金与考核结果挂钩，根据不同河湖存在的主要问题实行差异化考核。加大考核结果运用力度，将考核纳入各地区科学发展观综合考核，考核结果作为地方党政领导干部综合考核评价的重要依据。强化社会监督，充分利用各种媒体平台向公众宣传河长制，公告河长名单，同时开辟公众参与的移动信息渠道，畅通电话热线，及时掌握社会对河长制的评价，并处理各类具体问题。聘请社会监督员，广泛开展河道志愿者活动，在全社会形成"齐心支持治水、合力参与治水、共同监督治水"的良好氛围，画出共建共治共享的治水"最美同心圆"。

▶ 第二节 浙江省绍兴市 ◀

绍兴市坚持以"河长制"为抓手，建章立制，精准施策，多措并举，全面夯实工作基础，在全面推行河长制工作的过程中积累了切实有效的经验做法。一是采取"抓退污、抓截污、抓清污"三大措施，实现省"清三河"达标县（市、区）实现全覆盖；二是严格按照"总量控制、优化配置、合理开发、有效保护"的要求，全面落实最严格水资源管理制度；三是加强试点引领，推进标准化管理，全面加强水域保护；四是整合执法力量，强化联动机制，严格执法标准，强势推进水环境执法行动。

绍兴是一座拥有 2500 年历史的古城，是典型的江南水乡，境内河湖纵横、水网密布，共有大小河道 6759 条，总长 10887 千米，水域面积 641.6 平方千米，占国土总面积的 7.76%。绍兴因水而美、因水而兴，水是绍兴的灵魂和血脉。近年来，绍兴市坚决贯彻中央、省关于治水工作的一系列决策部署，切实强化"为己治水"的意识，牢固确立长治、治本的思想，坚持以"河长制"为抓手，拉高标杆、明确任务、突出重点、强势推进，各项工作取得了显著成效。2016 年和 2017 年，绍兴市连续两年荣获省"五水共治"大禹鼎；群众治水满意度达到 80.3%，居全省前列。

一、建章立制、务求长效，全面夯实工作基础

（一）注重顶层设计

2012 年 10 月，绍兴市在全省率先探索实施"河长制"管理工作，出台了《关于在绍兴市区主要河道实施"河长制"管理工作的意见》。2013 年 12 月，出台了《绍兴市"河长制"管理实施方案》，

在全市范围内推行"河长制"管理。2016 年 6 月，出台了《关于进一步强化"河长制"管理的意见》。2017 年 5 月，根据中央全面推行"河长制"的意见，出台了《绍兴市全面深化河长制工作方案（2017—2020 年）》（绍市水城办〔2017〕52 号）。

（二）构建河长网络

各级党委、政府主要领导担任本行政区域的总河长。健全市、县、镇、村四级河长体系，设立各级河长 5462 名，设立各类小微水体的塘长、池长、溇长、库长 1920 名，形成了横向到边、纵向到底的河长管理网络。

（三）健全五大机制

2017 年 5 月，出台了《绍兴市河长工作规则》，进一步细化明确河长日常巡查、例会和报告、流域协调、"一河一策"治理、投诉举报受理五大工作机制，确保"河长制"管理工作有序扎实推进。

（四）实行领导垂范

坚持主要领导、常委同志带头，从市四套班子主要领导开始，按照河道治理难易程度认领一个片区或流域的河长。全市共有水质最差的 25 个片区 65 条河道被认领，共设立了 137 个水质断面，明确了每个断面分年度的水质提升目标和治理措施。

（五）加强信息化管理

开发覆盖全市范围的"绍兴河长通"和"河长 APP 系统"，全面实现全市 7382 名河长电子化巡河，巡河记录通过 APP 系统实时回传到市、县、镇三级治水办。

二、精准施策、克难攻坚，强势推进重点任务

（一）坚持正本清源，全面提升水环境质量

截至 2016 年年底，国家"水十条"考核断面全部达标，全市 70 个市控以上断面中，Ⅰ～Ⅲ类水断面占 80%，比 2013 年年底提高 41.4 个百分点；功能区水质达标率 81.4%，比 2013 年年底提高 38.5 个百分点；曹娥江、浦阳江干流水质全线达到Ⅲ类以上。县级

以上城市集中饮用水源地达标率保持 100%。省"清三河"达标县（市、区）实现全覆盖。主要采取了以下三方面措施：一是抓退污。以"绿色高端、世界领先"为目标，强势推进印染、化工行业整治提升。2016 年以来，全市累计停产整治印染企业 160 家、化工企业 177 家，分别占企业总数的 47.6% 和 59.2%。扎实开展农业污染治理，全市累计清养关停畜禽养殖场 6000 余家，779 家保留的规模生猪场畜禽排泄物综合利用率达到 98.9%。市区平原河网累计完成水面禁限养区划定和整治 12 万亩，全面推行"洁水养鱼"。二是抓截污。实施截污纳管建设三年行动，全市累计新增城镇污水配套管网 1050 千米，118 个乡镇（街道）实现污水处理设施全覆盖，所有污水处理厂执行一级 A 标准。完成农村生活污水治理村 1704 个，受益农户 69 万户。摸排出入河排污（水）口 41870 个，全面开展整治和标识工作，实行"身份证"管理。三是抓清污。率先在全省制定"十三五"河湖清淤规划，在全市范围内组织开展河湖清淤大会战。2016 年以来，全市累计完成清淤 3036 万立方米，完成量居全省第一。建成 7 个淤泥固化处置技术中心，实现平原地区固化全覆盖，年固化处置能力近 600 万立方米。清淤工作得到了省委主要领导的肯定。

（二）严守"三条红线"，全面加强水资源保护

严格按照"总量控制、优化配置、合理开发、有效保护"的要求，全面落实最严格水资源管理制度。一是加强"三条红线"管控。全面完成用水总量、万元工业增加值用水量、农田灌溉水有效利用系数、重要江河湖泊水功能区水质达标率等"十二五"期间八项考核指标，万元 GDP 用水量和万元工业增加值用水量分别从 2013 年的 50.89、29.3 下降至 2016 年的 38.97、25.72。绍兴市获得省政府"十二五"期间和 2015 年最严格水资源管理制度落实情况双优秀成绩。二是加强水功能区保护。完成全市 118 个水功能区普查，建立 75 个水功能区水质监测断面体系。加强地下水用水量审核管理，地下水用水量从 2013 年的 1975 万立方米减少到 2016 年的 1138 万立方米。完成全市 76 处日供水规模在 200 吨以上的农村饮用水水源保护范围划定工作。三是加强节水载体建设。绍兴市区和诸暨市获得国家节水型城市称号。柯桥区完成第一批节水型社会创建，其他区、县（市）已全面启动第二批县（市、区）节水型社会建设。

（三）推进标准化管理，全面加强水域保护

按照浙江省水利厅统一部署，出台绍兴市标准化创建五年实施方案。全市完成 128 个水利工程标准化管理创建和验收，完成率 106.7％。加强试点引领，选定基础条件较好的诸暨市先行开展创建，诸暨市石壁水库成为全省第一家通过省级水利工程标准化管理验收的单位。发挥曹娥江大闸、汤浦水库国家级水管单位优势，完成全省首本水闸《管理手册》和全市首例《工作实施方案》。

（四）重抓项目建设，全面加强水生态修复

建成绍兴城区、柯桥城区活水工程、虞北平原河网等一批引配水工程，加强曹娥江大闸、上浦闸、虞北平原排涝水闸和浙东引水工程的科学联合调度，促进整个绍虞平原河网活水畅流。加快推进"十三五"期间绍兴平原和曹娥江、浦阳江"两江"流域"双十"防洪排涝项目，计划总投资 500 亿元以上。在全面提升防洪排涝能力的基础上，增强河网水体流动性，加强河湖岸边绿化，增加水土保持、水源涵养和景观提升等功率。

（五）严格执法监管，全面打造执法最严城市

整合执法力量，强化联动机制，严格执法标准，强势推进水环境执法行动。2016 年，全市共查处环境违法案件 1505 起，罚没款总额 8745 万元，办案数量和罚没总额均列全省第 1 位。一是规范执法。2016 年 11 月 1 日起正式实施《绍兴市水资源保护条例》，成为全市有立法权以来第一个自行立法的法律，也是全省地级市中第一个水资源保护条例（不包括副省级城市），进一步规范执法行为。二是联动执法。按照部门联动、司法联动、全市联动的要求，整合执法力量，组建市、县两级水政渔业执法局。成立全省首个环境资源审判庭，建立完善信息共享、案件移送、案件会商等无缝衔接的联合办案机制。三是从严执法。即一律实施强拆、一律依法从重实施经济处罚、一律移送司法机关、一律移交纪检监察机关、一律在媒体公开。

三、多措并举、强化保障，推动各项工作落到实处

（一）加强组织领导

市、县、镇三级均成立"河长制"办公室，与"五水共治"工作领导小组办公室合署办公，统筹协调落实本地区的治水工作。

（二）严格督查考核

实行市委、市政府领导明察暗访制度。人大、政协定期开展民主监督。市水城办（河长制）分区包干全过程、高密度开展督查。市级新闻媒体开设"今日焦点"曝光栏，加大曝光力度。出台"五水共治（河长制）"考核办法、水质考核制度（设立2亿元专项考核基金）、"五水共治（河长制）"责任追究办法，实现奖优罚劣、以考促治的目的。

（三）营造全民氛围

在绍兴电视台、绍兴日报等媒体开设《当好河长》新闻栏目，由市级河长带头亮工作短板、谈包河举措、晒工作亮点；在河长公众微信号开设了"河长谈护河，你我来点赞"新闻栏目，邀请镇级总河长谈护河治水经验心得，接受社会监督。加强党员、企业、乡贤、村嫂河长等"五水共治"志愿者队伍建设，引导全民自觉参与治水工作。

▶ 第三节 上海市青浦区 ◀

青浦区坚持创新机制、立足长远，全面落实河长制，从责任落实、开放共享、源头控制、问题导向四个方面统筹协调涉河长效管理、综合治理、绿色发展三个层面的工作。实现河长责任落实和河湖本底调查两个"全覆盖"，梳理了河长履职"建治管护"四字诀和"八步工作法"。以河长制为抓手重点推进中小河道综合整治，紧紧抓住控源截污，结合"五违四必"生态环境治理，对河道周边

居民小区、市政雨污管网和农民宅基地落实雨污分流改造，同时在全区所有河道全力推进"三清"行动（清河面、清河岸、清河障）。探索赵巷中步村"小河长"承包制、华新嵩山村"河管员"划片治理、白鹤南巷"党员先锋队"等自治管理实践，充分利用区、镇两级成熟的网格化管理平台，建立了一套从主动发现到快速处置，到综合执法、系统治理的工作流程，形成"集团作战"。

青浦区地处太湖下游，黄浦江上游，是上海的水源保护地和生态护城河。境内河湖纵横，有河道 1936 条、湖泊 23 个，其他河湖 246 个、小微水体 3579 个，水面率达到 18.55%，是典型的江南水乡。

水是青浦的名片。2015 年，青浦区成功申报全国首批河湖管护体制机制创新试点县。2016 年，以重污染河道治理为突破口，探索形成了区委、区政府主要领导亲自挂帅，区、镇、村共同参与的水环境治理领导责任制、挂牌督办制。2017 年，在先行先试基础上，坚持创新机制、立足长远，全面落实河长制，把消除黑臭、消除劣五类等近期治理目标融入到常态长效的制度当中，从责任落实、开放共享、源头控制、问题导向四个方面统筹协调涉河长效管理、综合治理、绿色发展三个层面的工作，做到持续发力、久久为功；2017 年 9 月，青浦区顺利通过水利部验收，成为全国首批、全市首家水生态文明城市。

一是重责任落实，强化各级领导责任。青浦区河湖面广量大，水环境的治理和保护必须从基层抓起，因水制宜建立了区、镇、村三级河长责任体系，共设置 484 名河长，竖立 2581 块河长公示牌，设立 489 个水质监测点，完成全区河湖"一河一档"编制，实现河长责任落实和河湖本底调查两个"全覆盖"。在明确各级河长职责时注重分层错位、各有侧重，形成一级抓一级、层层抓落实的工作格局，避免"上下一般粗"。区、镇分别成立河长办，落实专职人员集中办公、实体运行，梳理了河长履职"建治管护"四字诀和"八步工作法"。2017 年，各级河长共巡河 3400 余次，区、镇河长办共开展督查 340 余次，累计落实 3291 个问题整改，涉河问题整改率明显提升，群众满意率达到94%。

二是重源头控制，强化水岸同治同管。水环境问题表象在水里，根子在岸上，截污是根本，整治是关键。在去年中小河道综合整治攻坚战中，紧紧牵住控源截污这个"牛鼻子"，结合"五违四必"生态环境治理，在36个、67平方千米重点整治地块内，拆除沿河和地块违建86.47万平方米、整治企业污水1044家、"三无"居家船舶22艘及5家规模化畜禽牧场。特别是对河道周边102个居民小区、240千米市政雨污管网和农民宅基地落实雨污分流改造，共改造小区立管263千米、干管187千米，农户纳管6682户，修复管网破损、塌陷、错位点4400多处，改造27千米。同时在全区所有河道全力推进"三清"行动，共"清河面"88千米、"清河岸"83万平方米、"清河障"1.6万个，为河道"擦脸洗澡"。

三是重开放共享，强化运作机制创新。充分整合部门资源、市场力量和基层自治经验，着力构建政府主导、市场参与、群众自治相结合的新机制。在已全面实现河道巡查、保洁、养护一体化的基础上，基于青浦区东西差异、城乡差异的情况，采取不同的运作机制。东部地区外来人口多、当地富余劳动力少，以推行纯粹市场化模式为主，企业完全自主用工；西部地区河道问题相对较少、当地村民就业难度大，以推行市场化加本地用工为主；在赵巷镇中步村等组织能力强、基础条件好的村居，深入开展村民自治试点，探索形成了赵巷中步村"小河长"承包制、华新嵩山村"河管员"划片治理、白鹤南巷"党员先锋队"等一批可推广、可复制的自治管理经验。

四是重问题导向，强化处置流程再造。在不改变现有体制和部门职责分工的基础上，充分利用区、镇两级成熟的网格化管理平台，建立了一套从主动发现到快速处置，到综合执法、系统治理，层层递进、环环相扣的工作流程，形成"集团作战"。梳理分析常见涉河问题20项，按难易程度分为轻微、一般、重大三类。形成轻微问题由养护单位及时处置，一般、重大问题进入网格化管理平台分类处置和分办督办的工作机制。同时配套完善的工作制度，除了会议、信息、巡河、督查、验收、考核等常规制度外，还制定了水质监测、第三方评估、已奖代拨 3 项制度作为绩效考核的重要组成部分。

▶ 第四节　福 建 省 大 田 县 ◀

大田县作为福建省国家生态文明先行示范区，于 2013 年在全县全面推广河长制，实现了 168 条干支流河长全覆盖，通过实行巡河、晒河、治河、护河"四位一体"全面治理，建立"一图一表一策一监督一考评"工作机制，实现了"河畅、水清、岸绿、景美"的目标。在日常管理中，紧紧抓住"三个创新"的工作核心，即通过创新"易信晒河、综合执法、指挥中心"，解决"污染源头发现难、违法行为查处难、责任单位协调难"三大难题。着力打造高效指挥网、源头治理网、法治保障网"三网工程"，实现"雨天也要河水清，一河就是一景观"的治河新目标。

大田县位于福建省中部，是闽江、九龙江、晋江水系支流的发源地之一，是典型山区、闽中矿区，自 1332 年起，大田县就有采矿活动，长期以来矿产资源的粗放式开发，导致水污染现象严重，一些地方甚至出现了地陷、水干、树死的情况，均溪河、文江河这两条大田人民的"母亲河"，曾一度被戏称为"黄河""黑河"。2009年，大田县开始实行河长制，由分管水利、环保的副县长分别担任境内两条主要河流的河长，牵头负责流域水环境综合治理。党的十八大以后，大田县主动融入福建省国家生态文明先行示范区建设，于 2013 年在全县全面推广河长制，实现了 168 条干支流河长全覆盖，通过实行巡河、晒河、治河、护河"四位一体"全面治理，建立"一图一表一策一监督一考评"工作机制，实现了"河畅、水清、岸绿、景美"的目标，境内均溪河、文江河两条主要河流水质达标率均为 100%。在具体工作中，大田县始终坚持问题导向，务求"三个创新"：

一是创新"易信晒河"，解决"污染源头发现难"问题。针对破坏水环境行为视而不见、责任不清，存在源头发现难、整改不及时问题，大田县探索组建了"河长易信群"，在河长日常巡河过程中，一旦发现问题，及时通过易信群上传图片，相关河长、责任部门根据图片线索立即追根查源，整改后将结果反馈到易信群，做到线上及时发现、线下快速处置，实现实时管河全覆盖。"易信晒河"做法被中国水利报评为"激浪杯2015基层治水十大经验"之一。

二是创新"综合执法"，解决"违法行为查处难"问题。针对水环境行政执法涉及部门多、职能交叉重叠，存在相互推诿扯皮、"九龙治水、群龙无首"问题，2010年7月，大田县探索生态综合执法机制，组建生态环境综合执法大队。2012年12月，经福建省政府批准，集中水利、国土、环保、安监、林业等部门的行政处罚权，成立了福建省首家生态综合执法局，并在18个乡（镇）配套设置生态综合执法分局，开展全县水环境领域综合执法工作，实现依法治河全覆盖。2013年以来，全县共打击涉水环境违法行为964起，当场制止752起，办结行政处罚案件199件，收缴罚没款162.9万元，移送公安机关13件、30人，移送法院5件、5人。2016年，大田县生态综合执法这一做法被授予第四届"中国法治政府奖"提名奖。

三是创新"指挥中心"，解决"责任单位协调难"问题。针对水环境领域中存在的动态监管缺失、压力传导逐级弱化问题，2016年，大田县探索组建了河长指挥中心，调配办公用房1750平方米，开发智能可视化管理系统，集信息采集、案件受理、调度处置、督查考评等职能于一体，负责指挥调度各级河长及相关涉水责任单位，合力开展水环境保护工作，实现系统管河全覆盖。

2017年，大田县按照"六大任务"要求，从零开始再出发再启航，提出"雨天也要河水清，一河就是一景观"的治河新目标，着力打造"三网工程"，推动河长制工作常态化、长效化。

第一，打造高效指挥网。一是组织领导再加强。实行党政同责，成立河长制工作委员会，由县委书记任河工委主任，县长任第一副主任，对全县河长制工作实行统一部署、统一调度、统一考评，加强"一河三长"队伍管理，负责重大问题、重大事项、重大项目的决策事宜。二是智能管理再加强。建立流域大数据中心，制作全县河网电子地图，开发三维可视化管理、水质自动预警、水环境投诉处置、无人机巡查四大系统，在全县12个河道断面安装水质监测监控系统，25台无人机在境内两条主要河流105千米河段定期巡河，实现160家污染源重点监控企业全覆盖。三是工作保障再加强。成立河务管理中心，核定事业编制10名，负责全县河道保护开发规划和项目管理。县财政每年安排河长制专项工作经费500万元、水土流失治理专项资金1600万元，把河道专管员工资列入财政预算。将每年第一个工作日作为"河长日"，对"最美河流""十佳河长"予以表彰，今年以来提拔重用优秀河长7人，对"十差河长"在评先评优和干部提拔任用中予以"一票否决"。

第二，打造源头治理网。一是全流域规划。制定《大田县全流域保护与发展规划（2017—2020年）》，明确功能分区，划定"三条红线"，实行河岸一重山禁止林木砍伐、河道一条线禁止砂石乱采、河边1千米内禁止畜禽养殖。坚持规划项目化，策划生成全流域保护开发项目库，分期分批实施水安全、水生态、水景观、水文化、水经济等重大项目。二是系统性治理。坚持流域治理从"大动脉"向"毛细血管"延伸，统筹实施河道清淤整治、水土流失综合治理、工矿企业污染整治、城乡环境综合整治、农业面源污染治理、全民造林绿化等"六大行动"，有效保障水生态安全。三是市场化运作。采取PPP、河道认养、滩涂承包经营等方式，吸引社会资本参与流域水环境治理，重点推进城市垃圾填埋场PPP治理、矿区水土流失治理企业化运作、河道生态旅游开发、河道光伏发电等项目建设，逐步实现以河养河、管养结合。

第三，打造法治保障网。一是完善行政执法体系。健全水环境行政执法联席会议制度、行政审批备案制度、行政监察责任追究制度，将全县18个乡镇划分为三个执法片区，进行轮片巡查，建立污染源管控台账，确保执法不留死角。二是完善司法联动体系。在县公安局、检察院、法院分别设立生态侦查大队、生态检察室和生态环境审判庭，健全完善水环境执法司法联动机制，实行每周一会商，对涉及刑事责任的涉水违法案件，立即启动司法程序，实现快查、快办、快审、快结。三是完善民间"执法"体系。在县电视台开辟"河长"专栏，坚持正面引导和反面曝光相结合，编印护河"三字经"，开展学生"小手拉大手""带法回家"活动，把爱河护河纳入村规民约，让每条河流重焕"戏水游泳、摸鱼抓虾"的美丽乡愁，真正把群众发动起来，实现全民皆河长。

大田县在推进河长制的实践过程中，坚持"污在水中、源在岸上、根子在人"这一治河思路，始终坚持问题导向，始终坚持系统治理，始终坚持全民参与，推动"河长制"向"河长治"转变。

▶ 第五节 安徽省黄山市屯溪区 ◀

屯溪区及时部署，全面动员，全力推进河长制各项工作落实。一是建立机制，全面实施抓推进。对区域内主要河道进行全面调查，划分区域建立图册，明确区、镇河道"河长制"管理分级负责制和区直部门工作职责，落实各项河道管理工作。二是示范引导，多措并举树典型。推出"八个一"的工作机制，即一支队伍、一套工作制度、一份公开信、一批责任状、一批公示牌、一批宣传专栏、一批投诉举报平台、一个"治水联盟"微信工作群。三是各级联动，部门合力促落实。相关部门通过现场督查、定期召开联席会议、开展联合执法等形式，建立健全水环境联合执法机制。

屯溪，位于安徽省南部，处于白际——天目山、黄山之间的休屯盆地间，位置地处"两江交汇，三省通衢"：皖、浙、赣三省结合部，也是横江、率水与新安江汇合处。东北、东南分别与徽州区、歙县毗邻，其余均与休宁县接壤。地处中亚热带北缘，气候温和、四季分明、雨量充沛，年平均气温 16.3℃，全年无霜期 237天，年降水量 1670 毫米。区辖 4 个街道、4 个镇：昱东街道、昱中街道、昱西街道、老街街道，屯光镇、阳湖镇、黎阳镇、奕棋镇，村居共 55 个。全区总面积 191 平方千米，常住人口 23.2 万人，其中城镇人口 17 万人。

全区水系属钱塘江流域新安江水系，水资源总量为 3.61 亿立方米。全区 2 条主要河流横江、新安江集水面积都在 900 平方千米以上。屯溪区列入区级"河长制"管理的主要河流共 6 条，分别是新安江屯溪段、横江、占川河、朱村河、佩琅河、篁墩河 6 条主次干流，覆盖全区 191 平方千米；列入镇、村两级"库长制"管理的小二型水库 12 座和 119 座万立方米以上大塘。以上河流、水库构成屯溪区区级实施"河长制""库长制"工作的河库管理体系。

一、工作开展情况

一是完善方案制度。组织学习领会中央和省、市全面推行河长制工作方案，总结新安江流域河长制试点工作经验和做法，力求屯溪区方案既与上级决策部署保持高度一致，又具有针对性和可操作性。2017 年 5 月，屯溪区"两办"印发《屯溪区全面推行河长制工作方案》；6 月，印发《屯溪区全面推行河长制会议制度》《屯溪区全面推行河长制工作督查制度》《河长制工作信息简报、信息专报和工作通报制度》和《屯溪区全面推行河长制 2017 年度区考核奖励办法》（简称"三制度一办法"）；7 月，印发《贯彻落实〈屯溪区全面推行河长制工作方案〉实施意见》。目前，屯溪区区、镇、村三级河长制工作方案全部出台。

二是健全组织体系。屯溪区成立全面推行河长制工作领导小组，下设全面推行河长制办公室，主任由区水利局主要负责同志担任，专职副主任由区水利局分管水政负责同志担任，负责河长办日常工作，兼职副主任 2 名，分别由区住建委和区新保局各 1 名负责同志担任。区级河长会议成员单位联络员为区河长办成员。区河长办内设 2 个科室，分别为综合科、督查科。

三是公示河长名单，建立全覆盖"河长"网络。由区委书记、区长担任区级总河长，区委常委、常务副区长担任区级副总河长，区政府副区长分别担任 6 条主次干流区级河长。河流流经地和水库按属地由镇党委政府主要领导担任镇级总河长。村委会领导担任村级河长。目前，全区已明确各级河长 86 人，负责管理全区 1 千米以上河流 24 条，河长制实行全覆盖，并安装河长制公示牌 60 块。同时，通过电视、报纸、网络，公布全区河长制工作方案、各级河长名单，标明河长负责的范围、职责、整治目标和监督电话等，接受社会监督。

四是编制"一河一策"。围绕河长方案提出的六个方面任务，细化明确 18 项主要工作、45 个子项任务。以镇为单位启动河（库）分级（段）名录调查，摸清河（库）现状，建立"一河一档"，实施"一河一策"。截至 2018 年 6 月，区、镇、村三级"一河一策"已全面编制完成。

五是全面落实入河排污口核查分类工作。针对全区 6 条主次干流入河排污口底数不清、情况不明、基础信息不全等问题，屯溪区全方位动员、无死角深入开展普查核查工作，目前该项工作取得了阶段性成效。

六是建立河长巡河督查、督办制度。为明确各级河长巡河工作，有效落实各级河长责任，区级河长针对责任河流采取督查、督办，发现问题以督办整改单方式转交有关部门，要求在时间节点前将整改情况上报区级河长，形成了一级抓一级、层层抓落实的工作格局。

二、主要做法

一是建立机制，全面实施抓推进。区委、区政府多次召开专题会议，进行工作部署，加强督查检查，明确各级职责及相应奖惩措施。根据省市出台的方案，区河长办对区域内主要河道进行全面调查，划分区域建立图册，明确区、镇河道"河长制"管理分级负责制和区直部门工作职责，落实各项河道管理工作。区河长办建立专门平台，完善工作流程，及时将反映的问题，督促相关部门抓好落实。

二是示范引导，多措并举树典型。"河长制"管理是一项复杂的系统性工作。区河长办推出"八个一"的工作机制，即一支队伍、一套工作制度、一份公开信、一批责任状、一批公示牌、一批宣传专栏、一批投诉举报平台、一个"治水联盟"微信工作群。以巡查人员现行说教、督导曝光的形式，及时对市民的不文明行为进行劝阻。按照"分级负责、分片包干、一河一长、一河一策"的举措，对辖区内河道进行摸底调查，探索建立"一河一策"的治理方案。通过河长现场督查，深入推进各地以问题为导向，落实地方党政领导河库管理主体责任，及时解决群众反映强烈的水环境问题。

三是各级联动，部门合力促落实。区河长办通过深入调查、联系协调、座谈研究等形式，及时了解河长制管理进展情况及存在问题，加强工作指导。组织相关部门通过现场督查和定期召开联席会议，开展联合执法等形式，不断建立和健全水环境联合执法机制，全力推进河长制各项工作的落实。

三、取得成效

一是污染源头得到初步治理。强化工业污染治理，对重点污染源企业排污口实施 24 小时监控。加强农业面源污染治理，强化畜禽养殖和水产养殖污染防治工作，对畜禽养殖企业进行集中整治。推进对秸秆等农业废弃物综合利用，依法依规查处破坏渔业资源的行为。加强生活污染源治理，城镇生活污水集中处理率和城镇生活垃圾无害化处理率分别达到 95％、97％。

二是河道水质持续向好。成立区河道采砂专项整治工作领导小组，对区内河道采砂进行全面清理整顿，关闭率水饮用水源地沿河砂石加工厂 5 家。严厉打击各类违规采砂行为，全区各类水事违法行为得到全面遏止。加强河道水质观测，重点对沿河各企业开展执法检查。开展河道排污口和水库水质污染专项整治，目前主城区禁止审批新增河道排污口，饮用水源地水质常年保持 Ⅱ 类标准。

三是社会氛围日益浓厚。充分利用标语、电视、网络、宣传栏等多种形式,高频率、大张旗鼓地宣传河长制工作的重要性和必要性,切实增强群众环保意识,激发广大群众参与水环境保护的积极性和责任感,使河长制工作日益深入人心,为开展河长制工作营造良好氛围。

▶ 第六节　福建省龙岩市揭乐乡 ◀

揭乐乡隶属龙岩市,自中央、省、市、县推行"河长制"工作以来,在完成上级布置的规定工作外,主动创新,采取"12345"工作法,为"河长制"保驾护航。一是一个目标,以"水清、河畅、岸绿、景美"为目标;二是两项机制,即联席会议制和巡河护河长效机制;三是三支队伍,即女子劝督队、老人维洁队、网格化工作队;四是四个常态,即宣传常态化、绿洁常态化、监督常态化、考核常态化;五是五面严控,即严控河道污染、严控生猪养殖业污染、严控垃圾面源污染、严控地瓜干小作坊污染、严控河道"四乱"行为。

一、基本概况

揭乐乡属连城县城乡结合部,位于国家 4A 级风景区冠豸山脚下,距县城 2 千米。全乡总面积 82.17 平方千米,辖 9 个行政村9323 人。闽江流域文川河干流穿境而过,境内河长 17 千米,占河流总长的 34%,属文川河下游。乡域内共有东坑溪、东山溪、官峰溪、达砾溪、寨下溪、文川溪 6 条支流,总长 49 千米。

二、主要做法

自中央、省、市、县推行"河长制"工作以来,乡党委、政府高度重视、积极作为,在完成上级布置的规定工作外,主动创新,采取"12345"工作法,为"河长制"保驾护航。

一个目标。以打造"水清、河畅、岸绿、景美"的"环冠豸山下、九龙湖畔颐养诗画田园、皆乐幸福乡村"为目标,全面推行

"河长制"工作。

两项机制。一是联席会议制。通过乡党政联席会、全乡干部大会、村民代表大会、村两委会、党员大会、河道专管员座谈会、现场办公、河长约谈等多种会议形式，层层传导压力，以开会促工作推进。二是巡河护河长效机制。聘请河长办专职工作人员1名、河道专管员3人、保洁员24人，设立村级河长9人，负责垃圾面源整治、河道巡查。河道专管员一天一巡查，发现一处曝光一处，及时将巡查结果曝光，将清理整改情况发至县、乡两级河长办微信工作群；村级监督委员会及时将整改前后对比图公布在微信公众平台；河长办专职人员负责督查村级河长落实整改情况，溯源追根，确保巡河护河长效化。

三支队伍。一是女子劝督队。利用女子细心、耐心、柔性的优势，成立由14位女干部组成的劝督队，负责政策宣传、工作推进及巡查督导，展示以柔克刚的巾帼风采。二是老人维洁队。利用老人德高望重的影响力和号召力，乡退管站牵头成立老人维洁队，发现不文明行为及时制止、批评、教育，表达老人们爱护环境、奉献社会的决心。三是网格化工作队。对乡内水流域进行"地毯式"摸排评估后，确定文川河水系上30个污染源为重点管控区域，每个区域即为一个网格，实行一网格一管控方案。成立由责任领导、责任干部、责任专管员和保洁员组成的网格工作队，形成网格化监管模式。

四个常态。一是宣传常态化。通过标语、宣传单、微信、村规民约、女子劝导队、老人维洁队宣传劝导、"河小禹"活动等多形式、全方位宣传"河长制"工作，使"河长制"理念家喻户晓。二是绿洁常态化。以美丽乡村创建为契机，持续开展环境绿化美化，在各村主干道、河流两岸、休闲场所种植绿化苗木7479株；发挥党员、妇女、老人的模范带头作用，开展护绿、维洁监督，宣传绿色理念，推动绿洁工作常态化。三是监督常态化。落实"一河一档、一河一策"，从乡总河长到村级河长、河道专管员及乡村两级女子劝督队、老人维洁队，逐级开展对河道的日常巡查监管、曝光、督促整改；形成落实"河长制"的工作合力，并在全乡各河道显眼处竖立"河长制"公示牌，公布举报电话，接受群众监督和举报；建立"揭乐河长办"微信群，要求每天上传巡查情况照片，实时调度、督查督办，切实提升巡河护河效果。四是考核常态化。在全县率先开展河长制应知应会知识测试，通过测试，提升河段长、河长对管护好河流段面的认知度；不定期组织河道巡查、督查和测试，把日常巡查情况、河道保洁质量纳入绩效考核，对工作不力者扣10％的绩效工资。

五面严控。一是严控河道污染。开展"揭乐、洁乐、众皆乐"系列活动，前后组织 230 名群众参与河道整治工作；组织垃圾车、挖掘机、铲车、皮划艇等工程机械共 21 次，针对各村河道倾倒垃圾、堵塞河道等开展专项整治。截至目前，共组织大型活动 5 次，共清理河道垃圾 2100 余车。二是严控生猪养殖业污染。"四统一"（统一着装、统一用餐、统一集中、统一出发）开展生猪养殖关闭拆除工作；减栏登记，干部人手一份减栏登记册，每周开展至少两次存栏清点，实时跟踪；部门联动，通过强制停电、强拆、笔录取证等方式，推进工作进展；预垫资金，由乡财政预垫资金，对养猪场拆除户当场兑现补助资金。截至目前，禁养区内生猪养殖场全部关闭拆除，关闭率达 100％。三是严控垃圾面源污染。实行"村收集、乡转运、县处理"三级联动机制；扩建垃圾中转站 2 个，建设垃圾填埋场、实施污水处理厂管网并网，配齐配全长效保洁设施设备；聘用卫生保洁员 24 人、全乡每户发放垃圾桶共 2050 个，确保垃圾日产日清。四是严控地瓜干小作坊污染。加大对地瓜干加工企业污水排放检查力度；依法取缔群众反映强烈、污染严重的地瓜干小作坊 10 家，改造提升 2 家地瓜干企业。目前，揭乐乡地瓜干企业的污水通过管网全部进入县污水处理厂处理。五是严控河道"四乱"行为。加强河道巡查与管理，依法打击非法采砂点 4 处；对全乡境内直排、偷排等现象采取"零容忍"态度，严查严处；对电鱼、炸鱼、毒鱼等破坏生态平衡的不法行为，坚决追究相关责任人，没收作案工具。

▶ 第七节 浙江省绍兴市越城区西小路社区 ◀

越城区北海街道西小路社区按照"分级负责、分片包干、一河一长、一河一策"的河长制工作机制，通过"搭平台、设载体 聚合力"的形式，积极引导广大群众参与河道环境管理，营造浓厚的宣传教育氛围。一是对河道科学划定网格，首创"112"工作机制，创建爱水护水积分制，成立五水共治科普教育基地，组建薪火护河志愿队；二是与共建单位开展"吾水吾治主题活动"，组织党员护水日等系列活动，发挥党员先锋模范作用；三是开展入河排水口排查，抓好"小微水体"排查整治，推进社区河长制长效管理机制。

绍兴市越城区北海街道西小路社区按照全区"分级负责、分片包干、一河一长、一河一策"的河长制工作机制，2012 年试行河长制工作以来，积极引导广大居民树立"保护河道，人人有责"的主人翁责任感，营造良好的卫生环境和人文环境，将"全民参与"的理念融合到河道环境管理中，扎实推进河长制管理的各项工作。

一、搭平台，选准"落脚点"

为营造浓厚宣传教育氛围，2013 年西小路社区建立绍兴首个"上善若水·五水共治"水资源科普馆，成立了五水共治科普教育基地。对河道科学划定网格，把西小路河划分为 6 个河段网格，首创了"112"工作制，即每个路段设 1 名路长，每段河道设 1 名河段段长，每个网格配备 2 名劝导员、护河员，负责做好河段内河道管理日常巡查工作。结合实际发起了"聚力五水共治、共建美丽西小路"的倡议，组建了一支 56 人组成的薪火护河志愿队。志愿者走街串巷、摆摊设点，传唱《西小人家护河歌》，开展以《水资源保护条例》等为主要内容的宣传活动，累计发放宣传册 5000 余份，组织活动 45 次，参与人数 1000 余人。引领大家积极争当治水的宣传者、做好护水的实践者、成为节水的监督者。为改变沿河洗涤和抛撒陋习的现状，面对 65 个河埠头流动洗涤的现状屡禁不止的情况，该社区率先提出了爱水护水积分制，给沿河居民发放积分绿色账户，宣传"劝导可积分、无不文明行为可积分、兑换可获益"的理念，鼓励引导更多居民参与爱水护水行动。通过以点带面、以面影响片的步骤，呼吁每位居民能从身边做起，从小事做起，极大地激励并凝聚了四面八方的护河力量。

二、设载体，串好"连接线"

社区开展以"吾水吾治"为主题的"河长制"工作，做好"童心筑梦·吾水吾绘""共建助力·吾水吾责""家园之水·吾水吾护"三篇大文章。特别是与共建单位开展"共建助力·吾水吾责"活动，划分了河道责任田，将每个河段对应划分给每个共建单位，并建立"共建助力·吾水吾责"项目推进表，分 A、B、C 三大类，设立了曝光台，提高群众爱河护河意识，担负起爱河护河的责任，与社区一起开展西小路河治理工作。坚持把小资源汇聚成大力量，积极发挥党员的先锋模范作用，将每月的 22 日作为党员护水日，相继组织开展"学雷锋奉献他人——义务河道巡逻队走上街""比一比谁的河埠头最干净""学习法律知识，争当亲水使者"等系列活动，使街巷亮起来，让河道美起来。

三、聚合力，扩大"受力面"

利用河长通 APP 巡河，坚持河长巡河，寻根追源，对入河排水口开展地毯式排查，18 个排水口设置规范标识牌，实施"身份证"管理。此外还着力抓好"小微水体"的排查整治工作，积极推进社区河长制长效管理机制。护河治水不仅要常态化，还需从源头把污染剿灭，2016 年对西小路河进行了全面清淤，并进行了雨污截流改造，安装了 17 个截流井，2 座提升泵站，对西小路河实施"纳米增氧—微生物修复—构建生态"的治理模式，恢复和增强河道的生态自净功能，从根本上实现河道快速治理并长期稳定维持。并在"严管、勤查"上下功夫，做到情况明、责任清、措施实。开展清违法建筑、清新增排污口、清卫生死角工作。联合区市场监管局、区综合执法局、市排水公司等单位对辖区内的小餐饮、小理发等"六小行业"开展了"横向到边、纵向到底、直接到户"的地毯式调查摸底工作，集中进行"六小行业"专项整治，督促倒逼"六小行业"实现规范经营、达标排放，从源头上预防"六小行业"污染。对小区范围内居住出租房屋开展重点整治，打好劣 V 类和 V 类水剿灭战。为扎实推进河道清理工作，确保河面及沿岸整洁干净，与沿河经营户、居民户签订河道保洁责任状、河道"门前三包"，实施"水岸共治，还岸于绿"专项行动，投资 20 万元对西小路河沿岸一带进行绿化改造升级，为这条西小路河"化妆打扮""略施粉黛"，使生活在这里的居民感到舒适、温馨。

▶ 结　语 ◀

总体上看，实行河长制湖长制为河湖治理与管理工作注入了新的活力，河湖的整体面貌发生了较大的变化，河湖水质也有了明显改善。但仍然存在一些问题和不足。

一是全面推行河长制湖长制工作存在不全面不平衡的问题。按照中央全面推行河长制湖长制的总体要求，各地根据实际不断深化细化，对照工作方案、组织体系和责任落实、制度和政策措施、监督检查和考核评估到位的总体要求开展了大量工作，但一些地方还不同程度存在基础性工作不完善、落实六大任务进展不平衡等问题，如部分地区对河湖水域岸线管理等工作重视程度不够，河湖管理范围划界确权推进较慢，岸线利用管理规划体系尚不完善；一些河流长期累积的问题，治理成本高，涉及面广，虽然已经着手治理，取得初步成效，但还没有从根本上解决；有些地区重视不够、资金不落实、产业结构不合理，影响了河湖治理进度。

二是河长制长效管理机制仍不够健全。探索实行河长制以来，河湖综合治理与管理取得了明显的成效，但河湖治理与保护是一项长期任务，当突击治理的成效显现后，如何长期保持治理力度和治理效果，还需不断扩大治理内涵，提高治理目标，健全长效机制，防止出现部分地区产生的工作懈怠心理，降低重视程度，削弱组织力度，影响河长制作用的发挥。

三是湖泊实施湖长制有待加快推进。湖泊不同于河道，河湖关系更复杂，部门管理职能交叉，界定责任难度大，由于水体流动缓慢，遭到污染后治理修复难度极大。中央作出实施湖长制部署以来，各地积极落实，加快推进，取得了一定进展，但对照中央要求，还需进一步细化落实，加快推进，确保湖长制各项任务落地生根。

四是河长制湖长制支撑能力还显不足。现阶段河长制湖长制总体上处于建立河长湖长体系，健全工作机制，落实工作任务的阶段，后期将逐步转入深化治理，进而转向后续长效管理阶段。但是目前河长制湖长制对河湖长效管理的管理设施、人员机构、技术手段、资金支持等还不够，政策制度、管理措施的设计还不足，相关河湖保护和合理利用的研究开展也不够。尤其基层河长及工作机构的工作能力有待加强，部分基层河长的认识不够到位，对于河长制工作重视程度不足；部分基层河长办部门联动机制没有充分发挥作用，主要依赖水利部门开展工作，使水利部门负担过重；部分基层河长办工作人员数量不足，业务能力不够，迫切需要充实人员，加强相关业务培训。

五是河长湖长创新意识有待增强。在河长制湖长制组织体系、政策措施等基本落实到位的情况下，各级河长湖长主动作为，结合所管河湖特点，积极探索新思路、新做法的意识还存在不足，仍需加强对信息化手段的运用、调动公众积极参与等的探索研究，以助推河长制湖长制工作取得实效。

当前，河长制工作已逐步进入深水区，由"见河长"向"见行动""见成效"转变，各地需要继续采取有力措施，不断巩固河长制湖长制长效机制，在实践中不断总结经验做法，深化落实河长制湖长制主要任务，推进河湖面貌根本性改善，让人民群众的获得感成色更足、更实在。需在以下几方面不断完善，以使河长制得到更好的发展。

一是建立完善湖长制。按照中央和水利部部署，各地应切实增强落实湖长制改革任务的责任感和主动性，准确把握湖长制总体要求，已经实施湖长制的地方要对照指导意见，完善好湖长制各项工作；没有实施湖长制的，要逐个湖泊明确各级湖长，细化实化湖长的职责，确保 2018 年年底前全面建立湖长制。

二是统筹推进河长制湖长制任务落实。各地应围绕河长制湖长制六大任务要求，坚持问题导向，明确河湖治理和保护目标，抓紧编制"一河（湖）一策"，科学安排工作任务和进度计划，针对突出问题开展专项行动，确保河长制湖长制尽快发挥治理成效。

三是不断完善长效管理机制。现阶段各地河长制湖长制大部分侧重河湖治理特别是水环境的治理，应在巩固和深化已有治理成效的基础上，进一步谋划河长制湖长制在加强河湖管理与保护工作中的思路、任务和举措，形成"治管并重"的局面。同时，健全长效机制，防止出现懈怠心理、因"河长"而异等现象，促进河长制湖长制发挥长效作用。

四是加强经验总结与交流。各地在河长制湖长制的探索和实践中，都形成了各具特点的做法、措施，有力推进了河湖的治理与管理，随着河长制湖长制的不断深入，应及时总结、提高和完善。积极鼓励有条件的地方，以河长制湖长制机制创新的成熟做法、经验，促进河湖治理与管理的体制创新。同时，应搭建平台，加强流域层面乃至全国层面上河长制湖长制做法、经验的交流、学习，相互借鉴、互相促进，巩固河长制湖长制成果。

五是强化能力建设。加大协调推动力度，推动河长办落实专职人员和必要经费，实现有效运转。强化基层河长及河长办人员能力建设，加强河长制政策、业务知识培训，总结提炼流程方法，进一步提升工作效率和质量。加强河长制技术指导，各省（直辖市）河长办要加强对基层河长办的业务指导和技术帮扶，提高河长制湖长制工作整体水平。

六是持续探索创新。继续保持创新动力，不断提升河长制工作水平。通过强化顶层设计、法规建设、总结交流、公众参与、信息化建设等，不断丰富河长制工作内涵。推动河长制信息化建设，强化技术手段运用，推进各类监测数据、监控信息互联共享。通过加大河长制宣传力度，创新宣传形式，广泛引导公众参与，推动形成全社会关心河湖健康、支持河长工作、监督河湖治理的良好氛围。

建设生态文明是中华民族永续发展的千年大计。党的十九大把坚持人与自然和谐共生纳入新时代坚持和发展中国特色社会主义的基本方略，将"增强绿水青山就是金山银山的意识"写入党章，强调要坚定走生产发展、生活富裕、生态良好的文明发展道路。河长制作为生态文明体制机制改革的重大制度创新，面临新形势、新任务和新要求。

在思想高度上，要牢固树立绿水青山就是金山银山的理念，走绿色发展之路，努力满足人民对美好生活环境的需要。要进一步落实党政领导干部在河湖治理与保护中的主体责任，汇聚起相关部门协作治水的智慧与力量，营造出全社会知水、爱水、护水的良好氛围，加快形成党政坚强领导、部门协调联动、公众广泛参与的河湖管理与保护的新格局。

在时间维度上，要推动河长制向纵深发展，确保河长制长效运行，持续发挥作用。"四个到位"只是河长制工作的第一步，要认真落实河长制工作方案，加快完善机构、充实力量，建立起一整套规范河长履职的制度体系，健全河湖治理与管护长效机制，实现可持续的"水清、岸绿、景美"。

在空间尺度上，要统筹山水田林湖草系统治理，兼顾上下游、左右岸、流域与区域，实现水岸齐治。要全面落实河长制六项任务，强化"一河一策""一湖一策"的制定和实施，特别是在河湖水域岸线管理保护、水生态修复、执法监管等领域重点突破，促进河流湖泊休养生息、生生不息。

相信在不久的将来，通过我们在河长制之路上的深耕细作，中华大地上的每一条大河都会焕发勃勃生机，每一间小溪都会富有诗情画意，每一湾湖泊都能留住乡愁记忆，山河终将回归生态本底，呈现出动人姿色。